JN040487

できる ポケット

パワーポイント

PowerPoint 2021

基本 & 活用マスターブック

Office 2021 & **Microsoft 365** 両対応

井上香緒里 & できるシリーズ編集部

インプレス

本書の読み方

レッスンタイトル

やりたいことや知りたいことが探せるタイトルが付いています。

サブタイトル

機能名やサービス名などで調べやすくなっています。

練習用ファイル

レッスンで使用する練習用ファイルの名前です。ダウンロード方法などは4ページをご参照ください。

操作手順

パソコンの画面を撮影して、操作を丁寧に解説しています。

●手順見出し

1 PowerPointを起動する

操作の内容ごとに見出しが付いています。目次で参照して探すことができます。

●操作説明

1 [スタート] をクリック

実際の操作を1つずつ説明しています。番号順に操作することで、一通りの手順を体験できます。

●解説

スタート画面が表示された

操作の前提や意味、操作結果について解説しています。

レッスン

01 PowerPointを使うには

動画で見る

起動、終了 　　　　　練習用ファイル　L01_起動・終了.pptx

PowerPointの画面を表示して使えるように準備することを「起動」と呼びます。ここでは、Windows 11のパソコンで、PowerPointを起動してから終了するまでの操作を確認します。

基本編　第1章　PowerPointを使い始める

1 PowerPointを起動する

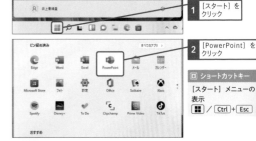

1 [スタート] をクリック

2 [PowerPoint] をクリック

⌨ ショートカットキー

[スタート] メニューの表示
⊞ / Ctrl + Esc

スタート画面が表示された

3 [新しいプレゼンテーション] をクリック

🔍 用語解説

スタート画面

PowerPointを起動した直後に表示される操作3の画面を「スタート画面」と呼びます。

16 できる

── パソコンやスマートフォンなどで視聴できる無料のYouTube動画です。詳しくは14ページをご参照ください。

レッスンの操作内容を補足する要素を種類ごとに色分けして掲載しています。

● 白紙のスライドが表示された

PowerPointでスライドの編集ができる状態になった

01
起動・終了

💡 使いこなしのヒント

操作を進める上で役に立つヒントを掲載しています。

⌨ ショートカットキー

キーの組み合わせだけで操作する方法を紹介しています。

2 PowerPointを終了する

ここではファイルを保存せずに終了する

1 [閉じる]をクリック

⌨ ショートカットキー

アプリの終了
Alt + F4

⏱ 時短ワザ

手順を短縮できる操作方法を紹介しています。

💡 使いこなしのヒント

すでに入力済みの内容があるときは?

スライドサイズは、上の手順で後から変更することができます。ただし、ワイド画面から標準に変更すると、スライドからあふれる情報をどうするかを問う画面が表示されます。[最大化]を選ぶと情報の一部が欠けてしまうので、[サイズに合わせて調整]を選ぶといいでしょう。なお、標準からワイド画面に変更するときは、この画面は表示されません。

[最大化]か[サイズに合わせて調整]を選択する

💬 用語解説

覚えておきたい用語を解説しています。

⚠ ここに注意

間違えがちな操作の注意点を紹介しています。

※ここに掲載している紙面はイメージです。実際のレッスンページとは異なります。

練習用ファイルの使い方

本書では、レッスンの操作をすぐに試せる無料の練習用ファイルとフリー素材を用意しています。ダウンロードした練習用ファイルは必ず展開して使ってください。ここではMicrosoft Edgeを使ったダウンロードの方法を紹介します。

▼練習用ファイルのダウンロードページ
https://book.impress.co.jp/books/1122101049

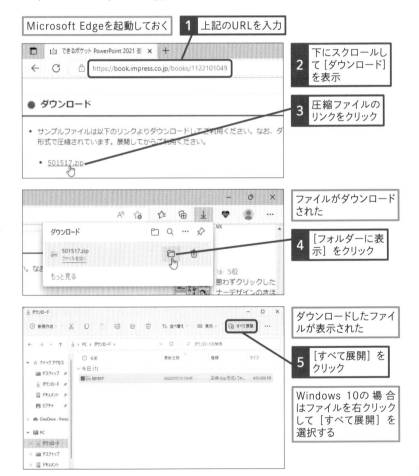

Microsoft Edgeを起動しておく

1 上記のURLを入力

2 下にスクロールして [ダウンロード] を表示

3 圧縮ファイルのリンクをクリック

ファイルがダウンロードされた

4 [フォルダーに表示] をクリック

ダウンロードしたファイルが表示された

5 [すべて展開] をクリック

Windows 10の場合はファイルを右クリックして [すべて展開] を選択する

●練習用ファイルを使えるようにする

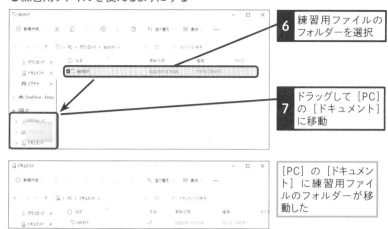

6 練習用ファイルの
フォルダーを選択

7 ドラッグして [PC]
の [ドキュメント]
に移動

[PC] の [ドキュメント] に練習用ファイルのフォルダーが移動した

⚠ ここに注意

インターネットを経由してダウンロードしたファイルを開くと、保護ビューで表示されます。ウイルスやスパイウェアなど、セキュリティ上問題があるファイルをすぐに開いてしまわないようにするためです。ファイルの入手時に配布元をよく確認して、安全と判断できた場合は [編集を有効にする] ボタンをクリックしてください。

練習用ファイルの内容

練習用ファイルには章ごとにファイルが格納されており、ファイル先頭の「L」に続く数字がレッスン番号、次がレッスンのサブタイトルを表します。レッスンによって、練習用ファイルがなかったり、1つだけになっていたりします。手順実行後のファイルは、[手順実行後] フォルダーに格納されており、収録できるもののみ入っています。なお、レッスン04のスライドの保存場所として[第1章]フォルダーを用意していますが、フォルダー内には練習用ファイルはありません。

501517

第2章 ──────── 章ごとに分かれている

手順実行後 ──────── 手順実行後のファイルが入っている

L007_新しいスライド.pptx

L008_箇条書きの入力.pptx
────── レッスンごと、手順ごとに必要なファイルが入っている

目次

基本編

第1章 PowerPointを使い始める   15

01 PowerPointを使うには   16

起動、終了
PowerPointを起動する
PowerPointを終了する

02 PowerPoint 2021の画面を確認しよう   18

各部の名称と役割
各部の名称を確認する
それぞれの役割を確認する

03 スライドのサイズを変更しよう   20

スライドサイズ
用途に合わせてサイズを設定する
スライドのサイズを変更する

04 スライドを保存するには   22

名前を付けて保存
ファイルに名前を付けて保存する
ファイルを上書き保存する
ファイルの自動保存を有効にする

05 保存したスライドを開くには   24

ファイルを開く
PowerPointを起動してから開く
エクスプローラーからファイルを開く

スキルアップ A4サイズやはがきサイズに変更するには   26

基本編

第2章 資料作成の基礎を掴む   27

06 表紙になるスライドを作成するには   28

タイトルスライド
タイトルを入力する
サブタイトルを入力する

基本編

第**3**章 配色やフォントを変更してデザインを整える 43

基本編

第**4**章 表やグラフを挿入して説得力を上げる　　　55

基本編

第5章 写真や図表を使ってイメージを伝える 79

動画について

操作を確認できる動画をYouTube動画で参照できます。画面の動きがそのまま見られるので、より理解が深まります。二次元バーコードが読めるスマートフォンなどからはレッスンタイトル横にある二次元バーコードを読むことで直接動画を見ることができます。パソコンなど二次元バーコードが読めない場合は、以下の動画一覧ページからご覧ください。

▼動画一覧ページ
https://dekiru.net/ppt2021p

●用語の使い方

　本文中では、「Microsoft PowerPoint 2021」のことを、「PowerPoint 2021」または「PowerPoint」、「Microsoft Windows 11」のことを「Windows 11」または「Windows」と記述しています。また、本文中で使用している用語は、基本的に実際の画面に表示される名称に則っています。

●本書の前提

　本書では、「Windows 11」に「Microsoft PowerPoint 2021」がインストールされているパソコンで、インターネットに常時接続されている環境を前提に画面を再現しています。

●本書に掲載されている情報について

　本書で紹介する操作はすべて、2022年3月現在の情報です。
　本書は2022年4月発刊の「できるPowerPoint 2021 Office 2021 & Microsoft 365両対応」の一部を再編集し構成しています。重複する内容があることを、あらかじめご了承ください。

基本編

第 **1** 章

PowerPointを
使い始める

プレゼンテーションアプリであるPowerPointを使う前に
必要な、起動や終了などの基本操作を説明します。また、
作成したスライドを保存したり開いたりといったファイル
操作についても解説します。

01 PowerPointを使うには

動画で見る

起動、終了　　　　　　　　　　　練習用ファイル　なし

基本編

第1章

PowerPointを使い始める

PowerPointの画面を表示して使えるように準備することを「起動」と呼びます。
ここでは、Windows 11のパソコンで、PowerPointを起動してから終了するまでの操作を確認します。

1 PowerPointを起動する

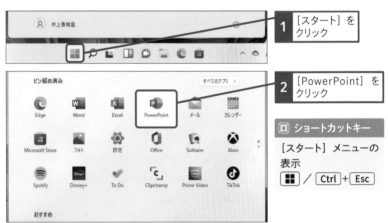

1 [スタート] を
クリック

2 [PowerPoint] を
クリック

🎹 ショートカットキー

[スタート] メニューの
表示
⊞ / **Ctrl** + **Esc**

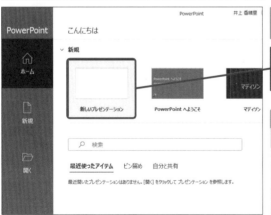

スタート画面が
表示された

3 [新しいプレゼン
テーション] を
クリック

💬 用語解説

スタート画面

PowerPointを起動した直後に表示される操作3の画面を「スタート画面」と呼びます。

● 白紙のスライドが表示された

PowerPointでスライドの編集ができる状態になった

2 PowerPointを終了する

ここではファイルを保存せずに終了する

1 [閉じる] をクリック

🖰 ショートカットキー

アプリの終了
[Alt]+[F4]

PowerPointが終了して、デスクトップが表示された

PowerPoint 2021の画面を確認しよう

各部の名称と役割　　　　　　　　　　　　練習用ファイル　なし

PowerPointを使うには、基本となる画面の構成要素とその役割を理解しておくことが大切です。各部の名称は本書でも頻繁に登場します。名称を忘れたときはこのページに戻って確認しましょう。

各部の名称を確認する

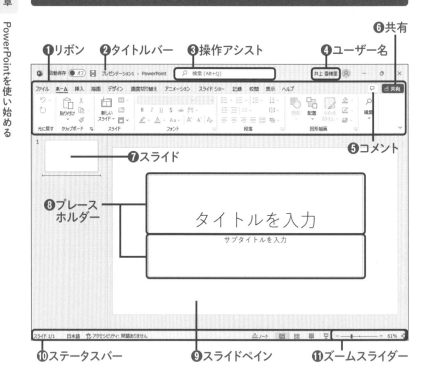

❶リボン　❷タイトルバー　❸操作アシスト　❹ユーザー名　❺コメント　❻共有　❼スライド　❽プレースホルダー　❾スライドペイン　❿ステータスバー　⓫ズームスライダー

❶リボン

役割別にいくつかのタブに分かれており、リボン上部のタブをクリックして切り替えると、目的のボタンが表示される。必要なボタンを探す手間が省け、より効率的に操作できる。

❷タイトルバー

ファイル名やソフトウェアの名前が表示される。

作業中のファイル名が表示される

❸操作アシスト

次に行いたい操作を入力すると、関連する機能の名前が一覧表示され、クリックするだけで機能を実行できる。目的の機能がどのタブにあるかが分からないときに便利。

❹ユーザー名

Officeにサインインしているユーザー名が表示される。サインインには、Microsoftアカウントを利用する。本書では、Microsoftアカウントでサインインした状態で操作を解説する。

❺コメント

クリックすると、画面右側に［コメント］ウィンドウが開き、スライドにメモを残すことができる。

❻共有

Web上の保存場所であるOneDriveに保存したプレゼンテーションファイルを、第三者と共有して同時に編集するときに利用する。

❼スライド

PowerPointで作成するプレゼンテーションのそれぞれのページのこと。作成したスライドの縮小版が表示される。

❽プレースホルダー

スライド上に文字を挿入したり、イラストやグラフなどを挿入したりするための専用の領域。

❾スライドペイン

スライドを編集する領域。

❿ステータスバー

現在のスライドの枚数や全体の枚数が表示されるほか、［ノート］ペインの表示／非表示の切り替え、［標準表示］や［スライド一覧表示］などのモードの切り替えが行える。

⓫ズームスライダー

つまみを左右にドラッグすると、スライドの表示倍率を変更できる。［拡大］ボタン（＋）や［縮小］ボタン（－）をクリックすると、10%ごとに表示の拡大と縮小ができる。

03 スライドのサイズを変更しよう

スライドサイズ　　　　　　　　**練習用ファイル**　なし

PowerPointのスライドサイズには、「標準4：3」と「ワイド画面16：9」の2種類があります。最終的にどの画面でプレゼンテーションを行うかによって、スライドサイズを決めましょう。

1 用途に合わせてサイズを設定する

● 標準サイズ（4:3）で作成されたスライド

プロジェクターや大型モニター、スクリーンなどでプレゼンテーションを行うときは、標準が適している

● ワイドサイズ（16:9）で作成されたスライド

ワイドディスプレイ付きのパソコンでプレゼンテーションを行うときは、ワイド画面が適している

2 スライドのサイズを変更する

レッスン01を参考に、新規プレゼン
テーションを作成しておく

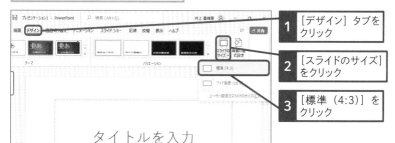

1 [デザイン] タブを
クリック

2 [スライドのサイズ]
をクリック

3 [標準（4:3）] を
クリック

スライドのサイズが
標準（4:3）に設
定された

使いこなしのヒント

すでに入力済みの内容があるときは?

スライドサイズは、上の手順で後から変
更することができます。ただし、ワイド
画面から標準に変更すると、スライドか
らあふれる情報をどうするかを問う画面
が表示されます。[最大化] を選ぶと情報
の一部が欠けてしまうので、[サイズに合
わせて調整] を選ぶといいでしょう。な
お、標準からワイド画面に変更するとき
は、この画面は表示されません。

[最大化] か [サイズに合わせて調整]
を選択する

04 スライドを保存するには

動画で見る

名前を付けて保存　　　　　　　　　**練習用ファイル**　なし

作成したスライドを保存すると、後から何度でも利用できます。PowerPointで
は、複数のスライドを「プレゼンテーションファイル」として保存します。2回目
以降は［上書き保存］を実行すると、最新の内容に更新されます。

基本編　第1章　PowerPointを使い始める

1 ファイルに名前を付けて保存する

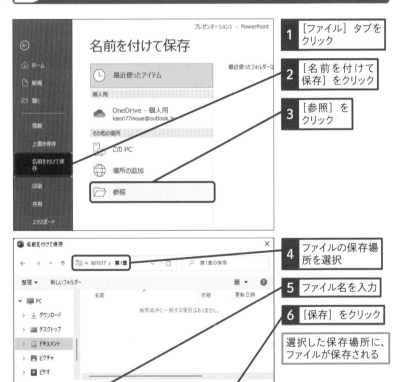

1 ［ファイル］タブをクリック

2 ［名前を付けて保存］をクリック

3 ［参照］をクリック

4 ファイルの保存場所を選択

5 ファイル名を入力

6 ［保存］をクリック

選択した保存場所に、ファイルが保存される

2 ファイルを上書き保存する

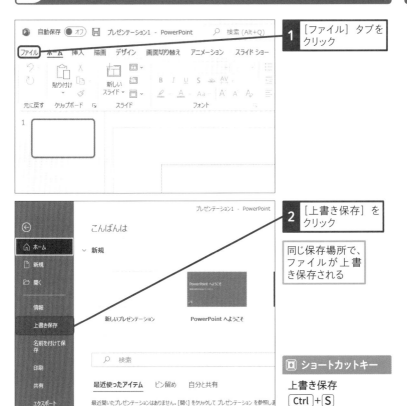

1 [ファイル] タブを
クリック

2 [上書き保存] を
クリック

同じ保存場所で、
ファイルが上書
き保存される

🔲 ショートカットキー

上書き保存
[Ctrl]+[S]

3 ファイルの自動保存を有効にする

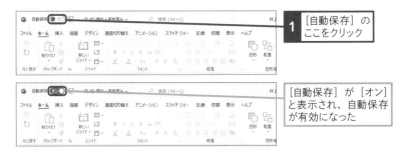

1 [自動保存] の
ここをクリック

[自動保存] が [オン]
と表示され、自動保存
が有効になった

ファイルを開く　　　　　　　　　　　　**練習用ファイル**　プレゼン資料.pptx

レッスン04の操作で保存したスライドを開くときは、保存場所を正しく指定しましょう。ここでは、PowerPointでスライドを開く方法と、[エクスプローラー]からスライドを開く方法を解説します。

基本編

第1章

PowerPointを使い始める

1 PowerPointを起動してから開く

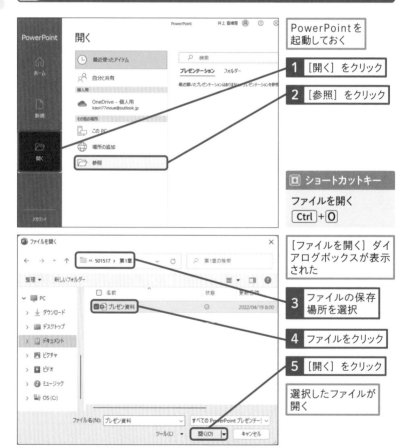

PowerPointを
起動しておく

1 [開く]をクリック

2 [参照]をクリック

🔲 ショートカットキー

ファイルを開く
Ctrl + O

[ファイルを開く]ダイアログボックスが表示された

3 ファイルの保存場所を選択

4 ファイルをクリック

5 [開く]をクリック

選択したファイルが開く

2 エクスプローラーからファイルを開く

1 [エクスプローラー] をクリック

2 [ドキュメント] をクリック

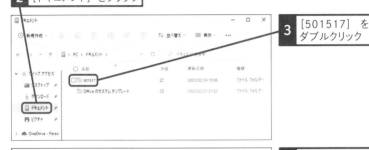

3 [501517] をダブルクリック

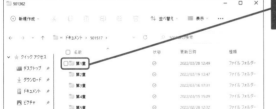

4 [第1章] をダブルクリック

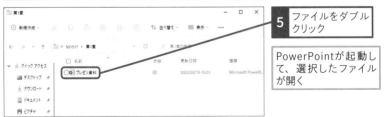

5 ファイルをダブルクリック

PowerPointが起動して、選択したファイルが開く

☀ 使いこなしのヒント

作業中にファイルを開くには

手順1では、PowerPointのスタート画面からファイルを開く方法を解説しました。PowerPointを起動して作業を開始してから別のファイルを開く場合は、[ファイル] タブをから [開く] をクリックします。

スキルアップ

A4サイズやはがきサイズに変更するには

[標準][ワイド画面]以外のサイズに変更するには、操作2のあとで[ユーザー設定のスライドサイズ]を選びます。[スライドのサイズ指定]の一覧に表示されないサイズは、幅や高さを数値で指定することもできます。

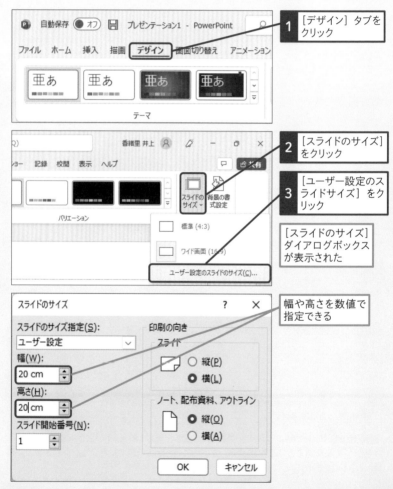

1 [デザイン]タブをクリック

2 [スライドのサイズ]をクリック

3 [ユーザー設定のスライドサイズ]をクリック

[スライドのサイズ]ダイアログボックスが表示された

幅や高さを数値で指定できる

基本編

第2章

資料作成の
基礎を掴む

この章では、プレゼンテーション資料の内容を入力しな
がら、伝えたい内容の骨格を作成していきます。また、
箇条書きにレベルや記号を付けて、分かりやすく見せる
操作についても解説します。

06 表紙になるスライドを 作成するには

動画で見る

| タイトルスライド | 練習用ファイル なし |

PowerPointの起動後に [新しいプレゼンテーション] を選ぶと、表紙用のスライドが表示されます。「タイトルを入力」などのメッセージに従って文字を入力するだけで、表紙のスライドを作成できます。

1 タイトルを入力する

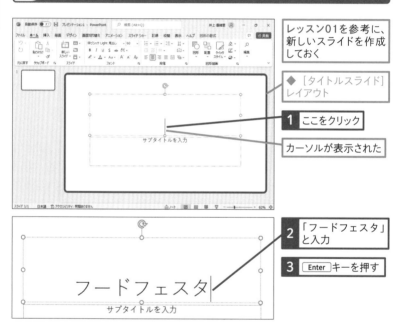

レッスン01を参考に、新しいスライドを作成しておく

◆ [タイトルスライド] レイアウト

1 ここをクリック

カーソルが表示された

2 「フードフェスタ」と入力

3 [Enter] キーを押す

用語解説

プレースホルダー

スライド上に点線で表示されている枠のことを「プレースホルダー」と呼びます。プレースホルダーとは、スライドに文字や画像、グラフなどを入れるための領域のことで、スライドのレイアウトによって、さまざまなプレースホルダーの組み合わせがあります。

● 続けて文字を入力する

4 「収支報告書」と入力

2 サブタイトルを入力する

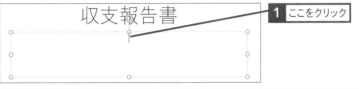

1 ここをクリック

ここでは発表者の名前を入力する

2 「営業部：山田三四郎」と入力

3 スライドの外側をクリック

プレースホルダーの枠が非表示になり、選択が解除される

💬 用語解説

書式

書式とは、文字や図形などの色やサイズなどの設定内容のことです。

✦ 使いこなしのヒント

入力した文字には自動的に書式が設定される

表紙のスライドを見ると、タイトルの文字が大きく、サブタイトルの文字が小さめに表示されています。それぞれのプレースホルダーにはあらかじめ書式が設定されているので、文字を入力するだけで見栄えがする仕上がりになります。

07 新しいスライドを追加するには

新しいスライド

練習用ファイル　L007_新しいスライド.pptx

このレッスンでは、2枚目のスライドを追加します。スライドには「白紙」や「タイトルのみ」など、いくつかのレイアウトが用意されており、スライドを追加するときにレイアウトを指定できます。

1 新しいスライドを挿入する

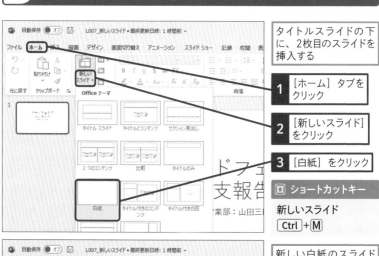

タイトルスライドの下に、2枚目のスライドを挿入する

1 [ホーム] タブをクリック

2 [新しいスライド] をクリック

3 [白紙] をクリック

⌨ ショートカットキー

新しいスライド
[Ctrl] + [M]

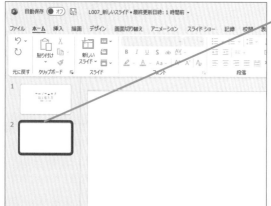

新しい白紙のスライドが挿入された

🔆 使いこなしのヒント

選択したスライドの下に追加される

[ホーム] タブの [新しいスライド] ボタンをクリックすると、現在表示されているスライドの下に新しいスライドが追加されます。

2 スライドのレイアウトを変更する

手順1で挿入した白紙のスライドを [タイトルとコンテンツ] のレイアウトに変更する

1 [ホーム] タブをクリック

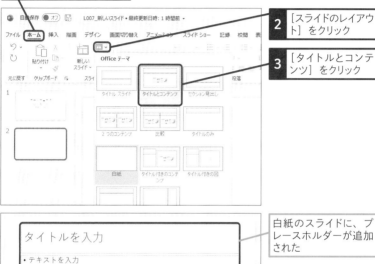

2 [スライドのレイアウト] をクリック

3 [タイトルとコンテンツ] をクリック

白紙のスライドに、プレースホルダーが追加された

🔎 用語解説

スライドのレイアウト

PowerPointには、プレースホルダーの組み合わせによって、複数のレイアウトが用意されています。[ホーム] タブの [新しいスライド] ボタンの下側をクリックすると、レイアウトの一覧が表示され、スライドを追加するときにレイアウトを選択できます。また、[スライドのレイアウト] ボタンを使って、後からレイアウトを変更することもできます。

08 スライドの内容を入力するには

動画で見る

箇条書きの入力 | **練習用ファイル** L008_箇条書きの入力.pptx

2枚目のスライドに箇条書きを入力しましょう。箇条書きの先頭には、自動的に「行頭文字」と呼ばれる「・」の記号が付きます。行頭文字を付けずに改行して、箇条書きを入力する方法もあります。

1 箇条書きを入力する

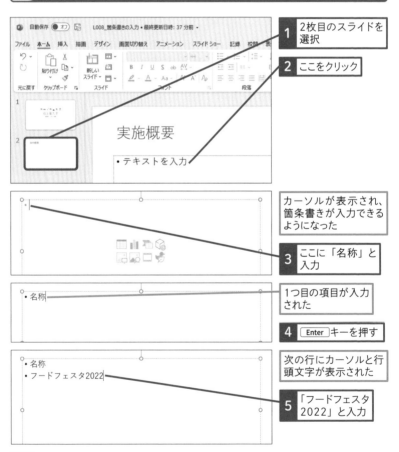

1 2枚目のスライドを選択

2 ここをクリック

カーソルが表示され、箇条書きが入力できるようになった

3 ここに「名称」と入力

1つ目の項目が入力された

4 Enter キーを押す

次の行にカーソルと行頭文字が表示された

5 「フードフェスタ2022」と入力

2 行頭文字を付けずに改行する

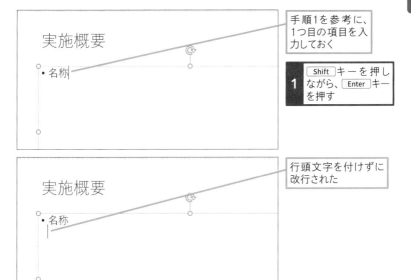

手順1を参考に、1つ目の項目を入力しておく

1 [Shift]キーを押しながら、[Enter]キーを押す

行頭文字を付けずに改行された

箇条書きは体言止めが基本

プレゼンテーションや企画書のスライドは、じっくり読んでもらうことが目的ではありません。短時間でスライドの内容を理解してもらうためには、「です・ます」調や「だ・である」調の文章を入力するのではなく、体言止めでそろえると内容が伝わりやすくなります。

行数が増えると文字のサイズが小さくなる

プレースホルダー内の項目が増えると、プレースホルダーに収まるように自動的に文字のサイズが小さくなります。自動的に文字のサイズを調整されたくないときは、プレースホルダーの左下に表示される[自動調整オプション]ボタン（[±・]）をクリックしてから、[このプレースホルダーの自動調整をしない]をクリックします。ただし、プレースホルダーから文字がはみ出てしまうので、必要に応じて文字を削除しましょう。

09 箇条書きにレベルを付けるには

レベル　　　　　　　　　　　　　**練習用ファイル**　L009_レベル.pptx

箇条書きには階層を付けることができます。PowerPointでは、階層のことを「レベル」と呼びます。このレッスンでは、1行目の箇条書きの下にレベルを下げた箇条書きを追加します。

1 Tab キーでレベルを変更する

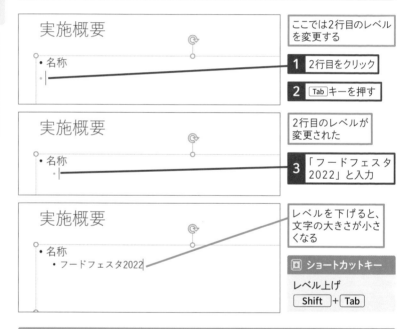

実施概要

・名称

> ここでは2行目のレベルを変更する
>
> **1** 2行目をクリック
>
> **2** Tab キーを押す

実施概要

・名称

> 2行目のレベルが変更された
>
> **3** 「フードフェスタ2022」と入力

実施概要

・名称
　・フードフェスタ2022

> レベルを下げると、文字の大きさが小さくなる
>
> **⌨ ショートカットキー**
>
> レベル上げ
> Shift + Tab

🔎 用語解説

レベル

箇条書きの階層のことを「レベル」と呼びます。レベルを下げるときには Tab キーを押します。反対にレベルを上げるときには Shift + Tab キーを押します。

箇条書きのレベルは9段階ありますが、あまり階層を深くすると複雑になるので注意しましょう。

2　行頭文字をドラッグしてレベルを変更する

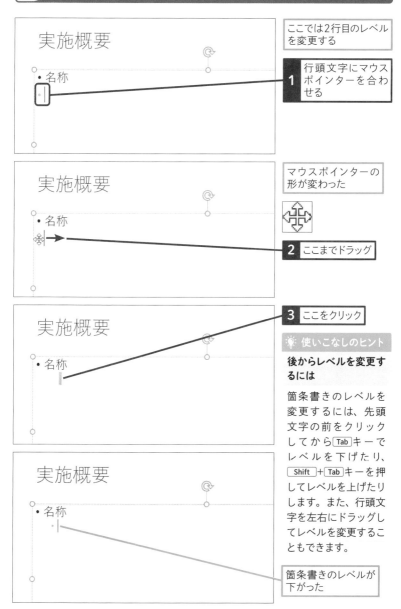

ここでは2行目のレベルを変更する

1 行頭文字にマウスポインターを合わせる

マウスポインターの形が変わった

2 ここまでドラッグ

3 ここをクリック

🔆 使いこなしのヒント

後からレベルを変更するには

箇条書きのレベルを変更するには、先頭文字の前をクリックしてからTabキーでレベルを下げたり、Shift+Tabキーを押してレベルを上げたりします。また、行頭文字を左右にドラッグしてレベルを変更することもできます。

箇条書きのレベルが下がった

10 箇条書きの行頭文字を連番にするには

動画で見る

段落番号　　　　　　　　　　　　　　**練習用ファイル** L010_段落番号.pptx

箇条書きを入力すると、最初は箇条書きの先頭に「・」の行頭文字が表示されます。「・」の記号を後から連番に変更するには、[ホーム] タブの [段落番号] ボタンを使います。

1 段落番号を付ける

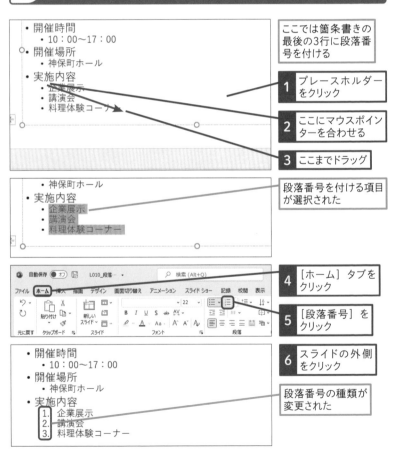

ここでは箇条書きの最後の3行に段落番号を付ける

1 プレースホルダーをクリック

2 ここにマウスポインターを合わせる

3 ここまでドラッグ

段落番号を付ける項目が選択された

4 [ホーム] タブをクリック

5 [段落番号] をクリック

6 スライドの外側をクリック

段落番号の種類が変更された

2 段落番号の種類を変更する

手順1を参考に、段落番号を付ける項目を選択しておく

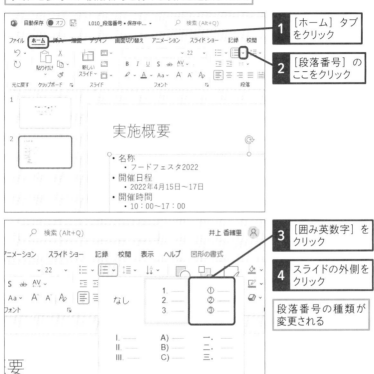

1 [ホーム] タブをクリック

2 [段落番号] のここをクリック

3 [囲み英数字] をクリック

4 スライドの外側をクリック

段落番号の種類が変更される

段落番号から箇条書きに戻すには

段落番号に変更した行頭文字を箇条書きの記号に戻すには、段落番号にした個所を選択し、[箇条書き]ボタン(≡)をクリックします。

段落番号はどういうときに使うといいの?

段落番号は、作業の手順を連番で示すときに便利です。また、「3つのポイント」といったスライドの箇条書きに連番を付けると、数字を強調する効果もあります。

11 任意の位置に文字を入力するには

動画で見る

テキストボックス　　　　　　　　　　　練習用ファイル　L011_テキストボックス.pptx

プレースホルダー以外の場所に文字を入力するときは、「テキストボックス」の図形を使います。出典元の情報や備考など、プレゼンテーションの内容を補足する情報を入力するときに使うと便利です。

1 テキストボックスを挿入する

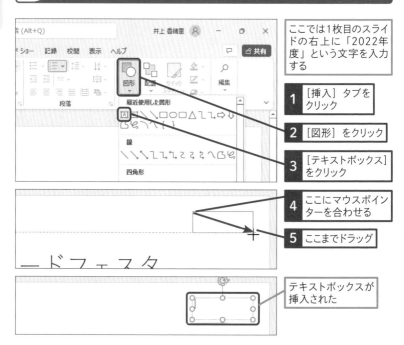

ここでは1枚目のスライドの右上に「2022年度」という文字を入力する

1　[挿入] タブをクリック

2　[図形] をクリック

3　[テキストボックス]をクリック

4　ここにマウスポインターを合わせる

5　ここまでドラッグ

テキストボックスが挿入された

💬 用語解説

テキストボックス

テキストボックスは、名前の通り文字を入れるための図形のことです。テキストボックスには横書き用と縦書き用があり、どちらもスライド内の好きな位置に文字を入力できます。

● 文字を入力する

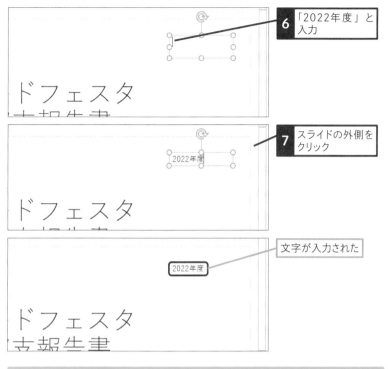

6 「2022年度」と入力

7 スライドの外側をクリック

文字が入力された

使いこなしのヒント

後から文字を編集するには

入力済みのテキストボックス内をクリックすると、テキストボックス内にカーソルが表示され、文字を編集できる状態になります。

1 文字にマウスポインターを合わせる

マウスポインターの形が変わった　Ｉ

2 そのままクリック

文字が編集可能な状態になった

できる 39

動画で見る

スライドの移動　　　　　　　　　　　　　**練習用ファイル**　L012_スライドの移動.pptx

[スライド一覧表示] モードに切り替えて、全体の構成を見ながら、スライドの順番を入れ替えてみましょう。また、スライドをコピーして複製したり、不要なスライドを削除したりする操作も覚えましょう。

基本編

第2章

資料作成の基礎を掴む

1 スライドを移動する

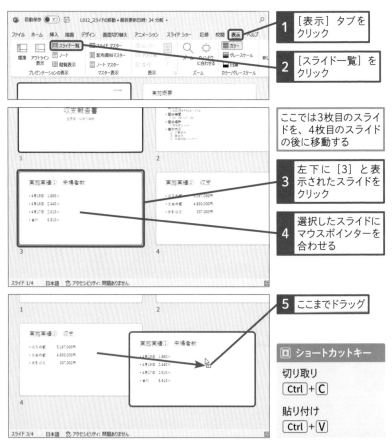

1 [表示] タブをクリック

2 [スライド一覧] をクリック

ここでは3枚目のスライドを、4枚目のスライドの後に移動する

3 左下に [3] と表示されたスライドをクリック

4 選択したスライドにマウスポインターを合わせる

5 ここまでドラッグ

🖾 ショートカットキー

切り取り
Ctrl + C

貼り付け
Ctrl + V

2 スライドを削除する

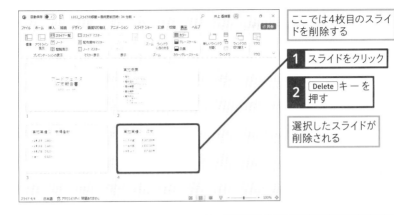

ここでは4枚目のスライドを削除する

1 スライドをクリック

2 Delete キーを押す

選択したスライドが削除される

[標準表示] モードでもスライドを移動できる

[標準表示] モードでもスライドを移動で　て、そのまま移動先までドラッグします。
きます。画面左のスライドをクリックし

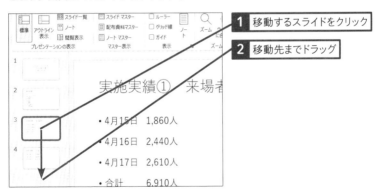

1 移動するスライドをクリック

2 移動先までドラッグ

スライドを切り取り、任意の位置に貼り付けるには

移動元のスライドを [ホーム] タブの [切　スライドを移動することもできます。た
り取り] ボタンで切り取ってから、移動　だし、マウスでドラッグして移動したほ
先で [貼り付け] ボタンをクリックして、　うが時間の短縮になります。

スキルアップ

連番の開始番号を変更するには

段落番号を設定すると、最初は「1」から始まる連番が表示されます。開始番号を変更するには、操作2の後で［箇条書きと段落番号］をクリックし、開く画面の［段落番号］タブで［開始番号］を指定します。

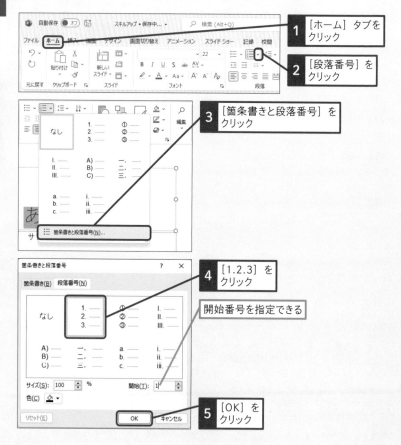

基本編

第3章

配色やフォントを変更してデザインを整える

この章では、スライドに「テーマ」と呼ばれるデザインを適用して、見栄えのするスライドにします。さらに、デザインの背景や配色を変更したり、文字に書式を設定したりしてスライドのデザインを整えます。

動画で見る

テーマ　　　　　　　　　　　　　　　　　　　練習用ファイル　L013_テーマ.pptx

PowerPointにはあらかじめ、「テーマ」と呼ばれるスライドのデザインがいくつも用意されています。テーマを適用すると、すべてのスライドの色や模様がまとめて変わるだけでなく、文字の書式も同時に変わります。

基本編　第3章　配色やフォントを変更してデザインを整える

1 テーマを変更する

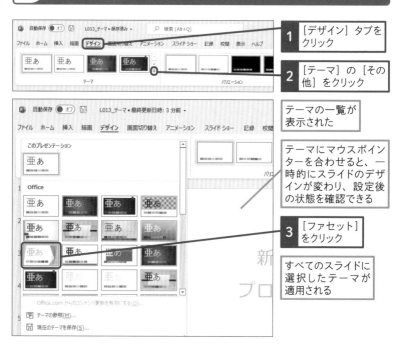

1 [デザイン] タブをクリック

2 [テーマ] の [その他] をクリック

テーマの一覧が表示された

テーマにマウスポインターを合わせると、一時的にスライドのデザインが変わり、設定後の状態を確認できる

3 [ファセット] をクリック

すべてのスライドに選択したテーマが適用される

🔎 用語解説

テーマ

「テーマ」とは、スライドの色や模様、文字のフォントやフォントサイズ、図形やグラフなどの書式がセットになったひな形のことです。テーマを適用すると、すべてのスライドのデザインをまとめて変更できます。

2 配色を変更する

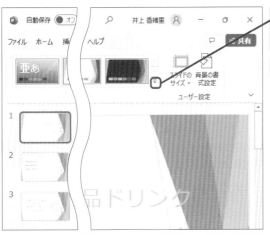

1 [バリエーション]
の [その他] を
クリック

用語解説

バリエーション

バリエーションは、
テーマの基本デザイン
を変えずに、背景や模
様、色だけを変更す
る機能です。バリエー
ションを変えると、同
じテーマでも異なるデ
ザインになります。

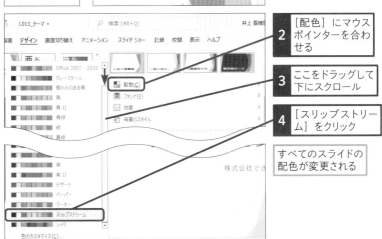

2 [配色]にマウス
ポインターを合わ
せる

3 ここをドラッグして
下にスクロール

4 [スリップストリー
ム]をクリック

すべてのスライドの
配色が変更される

🔆 使いこなしのヒント

特定のスライドだけにデザインを適用するには

テーマを選択すると、自動的にすべての
スライドに同じテーマが適用されます。
一覧表示されたテーマを右クリックし、
[選択したスライドに適用]を選択すれば

特定のスライドだけにテーマを適用でき
ます。ただし、1つのプレゼンテーション
の中に、複数のテーマが混在していると、
統一感が失われるので注意が必要です。

動画で見る

背景の書式設定　　　　　　　　　**練習用ファイル**　L014_背景の書式設定.pptx

スライドの背景色やデザインは、[背景の書式設定]の機能を使って変更できます。ここでは、テーマを適用した表紙のスライドの背景を、模様のない青色の塗りつぶしに変更します。テーマを適用していないスライドでも同じ操作が可能です。

基本編 第**3**章 配色やフォントを変更してデザインを整える

1 背景グラフィックを非表示にする

ここでは1枚目のスライドだけ、背景
グラフィックを非表示にする

1 1枚目のスライドを選択

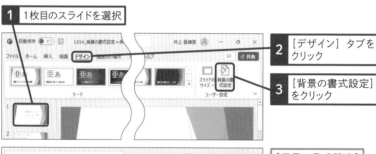

2 [デザイン] タブをクリック

3 [背景の書式設定]をクリック

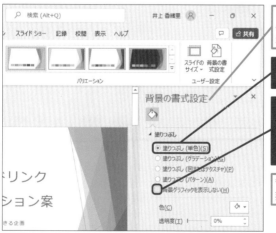

[背景の書式設定]
作業ウィンドウが表示された

4 [塗りつぶし（単色）]をクリック

5 [背景グラフィックを表示しない]のここをクリックしてチェックマークを付ける

背景グラフィックが非表示になる

2 背景色を変更する

1 [塗りつぶしの色] をクリック

2 [薄い青 背景2 黒 +基本色50%] を クリック

選択した色でスライド が塗りつぶされる

文字が読みにくくなっ たが、レッスン17で 文字の色を変更するの でそのままにしておく

使いこなしのヒント

背景に簡単に色を付けるには

このレッスンでは、背景の色を手動で指 定しましたが、[デザイン] タブの [バリ エーション] グループの [その他] ボタ ンをクリックし、表示されるメニューか ら [背景のスタイル] を選ぶと、スライ ドに適用しているテーマに合った背景色 が表示され、クリックするだけで色が付 きます。

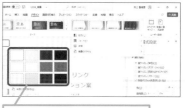

スライドに適用しているテーマに 合った背景色が表示される

15 スライド全体のフォントを変更するには

動画で見る

フォント　　　　　　　　　　　練習用ファイル　L015_フォント.pptx

スライド全体のフォント（文字の形）を変更します。[フォント]の機能には、タイトルと箇条書きのフォントの組み合わせのパターンが用意されており、クリックするだけですべてのスライドのフォントを変更できます。

1 フォントの組み合わせを変更する

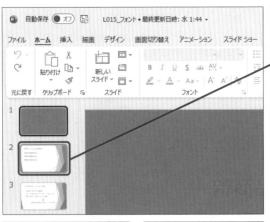

2枚目のスライドを表示する

1 2枚目のスライドをクリック

🔆 使いこなしのヒント

表や図形の中のフォントはどうなるの?

フォントの組み合わせを変更すると、スライドに挿入した表やグラフ、図形内の文字のフォントも箇条書き用のフォントに変わります。

2枚目のスライドが表示された

2 [デザイン]タブをクリック

3 [バリエーション]の[その他]をクリック

● フォントの組み合わせを選択する

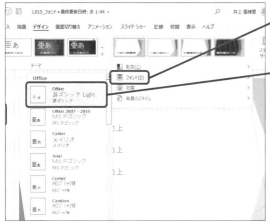

> **4** [フォント] にマウスポインターを合わせる

> **5** [Office] をクリック

> すべてのスライドのフォントが変更された

> 変更したフォントが気に入らないときは、もう一度操作2からやり直して、何回でもフォントを変更できる

使いこなしのヒント

タイトル用と箇条書き用のフォントで1セットになっている

[フォント] の一覧は、3段のフォント名が1セットです。1段目が半角の英数字用のフォント、2段目がスライドのタイトルのフォント、3段目が箇条書き用のフォントを表しています。このレッスンで選んだ [Office] を適用すると、タイトルと箇条書きの文字がともに「游ゴシック」のフォントに変更されます。

> タイトル用のフォントが上に表示される

> **Office**
> 游ゴシック Light
> 游ゴシック

> 項目用のフォントが下に表示される

16 複数の文字のサイズを同時に変更するには

動画で見る

フォントサイズ ｜ 練習用ファイル ｜ L016_フォントサイズ.pptx

最初は箇条書きの文字サイズはすべて同じですが、スライドの中でも特に強調したい文字は、他の文字より大きくすると目立ちます。ここでは、[フォントサイズ]ボタンを使って、複数の文字のサイズをまとめて変更します。

1 複数の文字を選択する

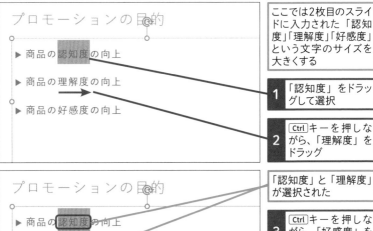

ここでは2枚目のスライドに入力された「認知度」「理解度」「好感度」という文字のサイズを大きくする

1 「認知度」をドラッグして選択

2 Ctrlキーを押しながら、「理解度」をドラッグ

「認知度」と「理解度」が選択された

3 Ctrlキーを押しながら、「好感度」をドラッグ

「認知度」「理解度」「好感度」という文字だけが選択された

2 フォントのサイズを変更する

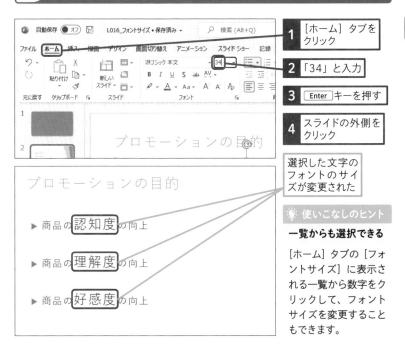

1 [ホーム] タブをクリック

2 「34」と入力

3 Enter キーを押す

4 スライドの外側をクリック

選択した文字のフォントのサイズが変更された

☀ 使いこなしのヒント

一覧からも選択できる

[ホーム] タブの [フォントサイズ] に表示される一覧から数字をクリックして、フォントサイズを変更することもできます。

☀ 使いこなしのヒント

ボタンで一段階ずつ拡大・縮小するには

[ホーム] タブの [フォントサイズの拡大] ボタン（A）や [フォントサイズの縮小] ボタン（A）をクリックすると、一回りずつフォントサイズを変更できます。例えば、レベルが異なる箇条書きを入力し

たプレースホルダーを選択してから [フォントサイズの拡大] ボタン（A）をクリックすると、異なるレベルの箇条書きを同じ比率で同時に拡大できて便利です。

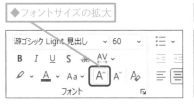

◆フォントサイズの拡大

◆フォントサイズの縮小

特定の文字に色や飾りを付けるには

動画で見る

フォントの書式 　　　**練習用ファイル** 　L017_フォントの書式.pptx

背景の色によっては文字が目立たない場合があります。また、特に強調したい文字がある場合は、ほかとは違う色や飾りを付けると効果的です。このレッスンでは、表紙のスライドの文字の色を白にして、太字と影の飾りを付けます。

基本編 第3章 配色やフォントを変更してデザインを整える

1 文字の色を変更する

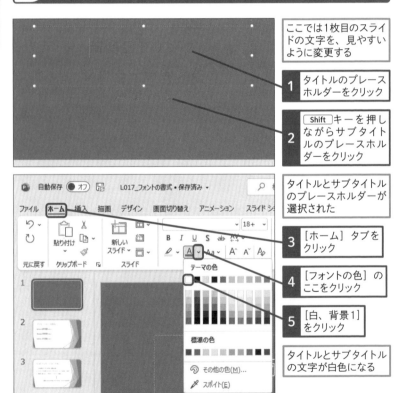

ここでは1枚目のスライドの文字を、見やすいように変更する

1 タイトルのプレースホルダーをクリック

2 Shift キーを押しながらサブタイトルのプレースホルダーをクリック

タイトルとサブタイトルのプレースホルダーが選択された

3 [ホーム] タブをクリック

4 [フォントの色] のここをクリック

5 [白、背景1] をクリック

タイトルとサブタイトルの文字が白色になる

2 文字を太字にする

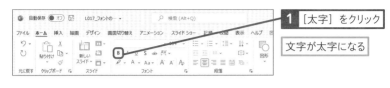

1 [太字] をクリック

文字が太字になる

3 文字に影を付ける

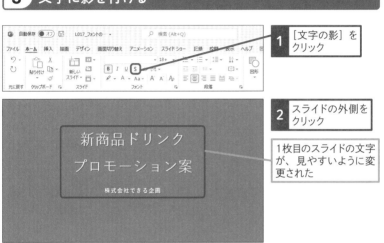

1 [文字の影] を クリック

2 スライドの外側を クリック

1枚目のスライドの文字 が、見やすいように変 更された

☀ 使いこなしのヒント

文字の書式だけをコピーするには

文字に設定した書式をほかの文字にコ ピーするには、[書式のコピー /貼り付け] ボタン（）を使います。

2 [ホーム] タブの [書式のコ ピー /貼り付け] をクリック

1 書式をコピーする文字をドラッグ

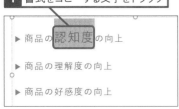

3 書式を貼り付ける文字をドラッグ

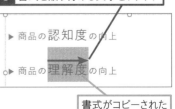

書式がコピーされた

スキルアップ

特定の文字の種類を変更するには

[デザイン] タブの [フォント] の機能を使うと、すべてのスライドにある文字のフォントが変更されます。特定の文字のフォントだけを変更したいときは、以下の手順で対象となる文字を選択し、[ホーム] タブの [フォント] ボタンから変更後のフォントをクリックします。

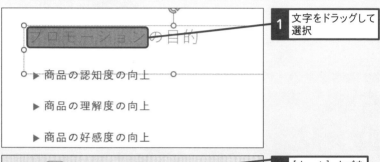

1 文字をドラッグして選択

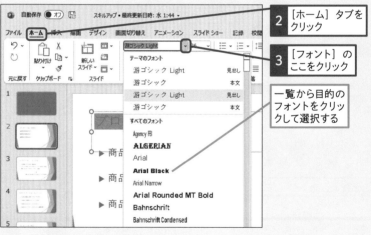

2 [ホーム] タブをクリック

3 [フォント] のここをクリック

一覧から目的のフォントをクリックして選択する

基本編

第4章

表やグラフを挿入して
説得力を上げる

この章では、スライドに表やグラフを挿入する操作を解説します。表やグラフを編集して見やすく整える方法や、Excelで作成したグラフをスライドに貼り付けて利用する方法を紹介します。

18 表を挿入するには

表の挿入　　　　　　　　　　練習用ファイル　L018_表の挿入.pptx

［表の挿入］機能を使うと、列数と行数を指定するだけで、あっという間に表が挿入できます。表の完成形をイメージして、必要な列数と行数を考えておくといいでしょう。ここでは、2列5行の表を挿入します。

基本編　第4章　表やグラフを挿入して説得力を上げる

1 表を挿入する

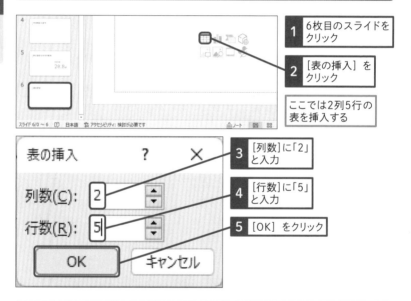

1	6枚目のスライドをクリック
2	［表の挿入］をクリック

ここでは2列5行の表を挿入する

3	［列数］に「2」と入力
4	［行数］に「5」と入力
5	［OK］をクリック

2 表の内容を入力する

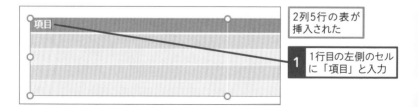

2列5行の表が挿入された

1	1行目の左側のセルに「項目」と入力

● 隣のセルの内容を入力する

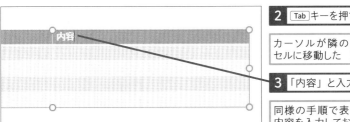

2 Tab キーを押す

カーソルが隣の
セルに移動した

3 「内容」と入力

同様の手順で表の
内容を入力しておく

3 表のデザインを変更する

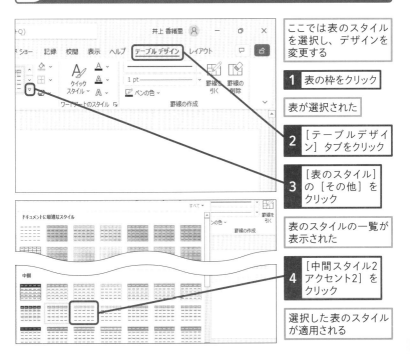

ここでは表のスタイル
を選択し、デザインを
変更する

1 表の枠をクリック

表が選択された

2 [テーブルデザイ
ン] タブをクリック

3 [表のスタイル]
の [その他] を
クリック

表のスタイルの一覧が
表示された

4 [中間スタイル2
アクセント2] を
クリック

選択した表のスタイル
が適用される

使いこなしのヒント

セル内で改行するには

セルの中にカーソルがある状態で Enter キーを押すと、改行されます。間違って 改行したときは、Back space キーを押すと、改行が削除されて前の行に戻ります。

次のページに続く ➡

4 列や行を後から追加する

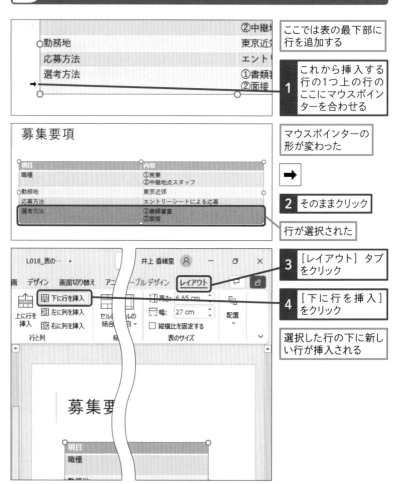

ここでは表の最下部に
行を追加する

1 これから挿入する
行の1つ上の行の
ここにマウスポイン
ターを合わせる

マウスポインターの
形が変わった

➡

2 そのままクリック

行が選択された

3 [レイアウト] タブ
をクリック

4 [下に行を挿入]
をクリック

選択した行の下に新し
い行が挿入される

💡 使いこなしのヒント

列を挿入するには

列が不足しているときは、最初に列を追加したい位置をクリックし、[レイアウト] タブの [行と列] から [左に列を挿入] や [右に列を挿入] を選びます。反対に、列を削除するときは、[レイアウト] タブの [行と列] にある [削除] ボタンから [列の削除] を選択します。

5 列や行を削除する

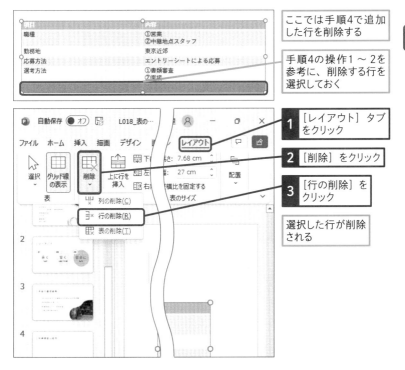

ここでは手順4で追加した行を削除する

手順4の操作1～2を参考に、削除する行を選択しておく

1 [レイアウト] タブをクリック

2 [削除] をクリック

3 [行の削除] をクリック

選択した行が削除される

※ 使いこなしのヒント

表や列・行、セルを選択するコツ

表を操作するときは、目的の範囲を正しく選択しておく必要があります。表全体を選択するには、表の外枠をクリックします。行を丸ごと選択するには、行の左端にマウスポインターを合わせて➡に変化した状態でクリックします。列を丸ごと選択するには、列の上端にマウスポインターを合わせて↓に変化した状態でクリックします。また、特定のセルを選択するには、目的のセルをドラッグします。

※ 使いこなしのヒント

セルをクリックするだけでも選択できる

手順4の操作1では行全体を選択していますが、行を追加したり削除したりするときは、行のいずれかのセルをクリックするだけでもかまいません。

19 表の列幅や文字の配置を整えるには

列幅の変更・文字の配置 | **練習用ファイル** L019_列幅や文字位置.pptx

表を挿入した直後は、すべての列幅が同じです。セルに入力した文字数に合わせて列幅を変更しましょう。また、表全体を移動したり、セル内の文字の配置を調整したりして、表の見た目を整えます。

基本編

第4章

表やグラフを挿入して説得力を上げる

1 列の幅を変更する

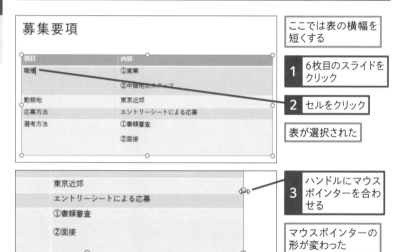

ここでは表の横幅を短くする

1 6枚目のスライドをクリック

2 セルをクリック

表が選択された

3 ハンドルにマウスポインターを合わせる

マウスポインターの形が変わった

🔆 使いこなしのヒント

行の高さを変更するには

行の高さを変更するには、変更したい行の下側の罫線にマウスポインターを合わせ、マウスポインターの形が÷に変わった状態でドラッグします。なお、表の底辺中央にある白いハンドル（○）をドラッグすると、表のサイズが縦方向に広がり、結果的にすべての行の高さが広がります。

1 行の下側の罫線にマウスポインターを合わせてドラッグ

行の高さが変更される

● 列の幅の変更を続ける

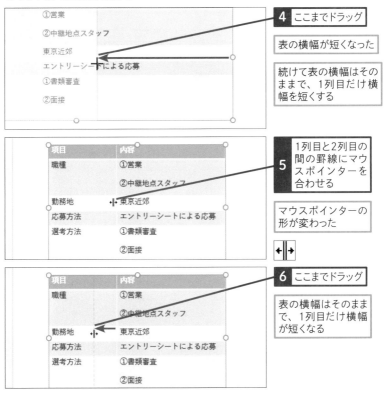

4 ここまでドラッグ

表の横幅が短くなった

続けて表の横幅はそのままで、1列目だけ横幅を短くする

5 1列目と2列目の間の罫線にマウスポインターを合わせる

マウスポインターの形が変わった

6 ここまでドラッグ

表の横幅はそのままで、1列目だけ横幅が短くなる

⏱ 時短ワザ

文字の長さに合わせて列幅を自動調整する

列幅を変更したい右側の罫線にマウスポインターを合わせてダブルクリックすると、左側の列の文字数に合わせて、自動的に列幅が変化します。

1 罫線をダブルクリック

文字の長さに合わせて列幅が変更した

次のページに続く→

2 表の位置を移動する

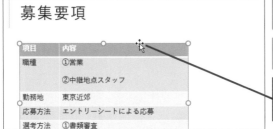

ここでは表をスライドの中心に移動する

表をクリックして選択しておく

1 表の外枠にマウスポインターを合わせる

2 スマートガイドが十字に表示されるところまでドラッグ

表がスライドの中心に移動する

🔍 用語解説

スマートガイド

手順2の操作2で表をドラッグしたときに表示される赤い点線を「スマートガイド」と呼びます。スマートガイドは、表や画像などの配置をサポートする目安となる線のことです。ここでは、スライドの左右中央を示すスマートガイドが表示されるため、ドラッグ操作だけで目的の位置に正確に移動できます。

💡 使いこなしのヒント

文字を縦書きにするには

セル内の文字を縦書きにするには、目的のセルを選択し、[レイアウト] タブの [文字列の方向] から [縦書き] を選択します。そうすると、入力済みの文字が縦書きで表示されます。

[縦書き] をクリックする

3 文字の配置を変更する

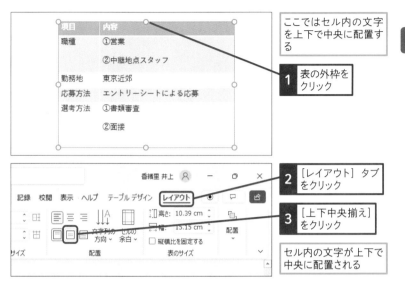

項目	内容
職種	①営業
	②中継地点スタッフ
勤務地	東京近郊
応募方法	エントリーシートによる応募
選考方法	①書類審査
	②面接

ここではセル内の文字を上下で中央に配置する

1 表の外枠をクリック

2 [レイアウト] タブをクリック

3 [上下中央揃え]をクリック

セル内の文字が上下で中央に配置される

使いこなしのヒント

文字の配置は内容に合わせて変更する

表のセルに文字を入力すると、最初はセルの横方向に対して左揃えで表示されます。横方向の配置は、文字ならば左揃え、数値ならば右揃えというように、データの種類に合わせて変更します。セル内の配置を変更するには、[レイアウト] タブにある [配置] のボタンを使います。

● 文字配置のおすすめの設定

見出しは左右中央に揃える ☰		数値データは右に揃える ☰

タイプ	広さ	価格
B1タイプ	1LDK	54.32㎡	3,120万円
C1タイプ	2LDK	66.50㎡	3,820万円
C2タイプ	2LDK	70.58㎡	5,320万円

文字データは左に揃える ☰   全体を上下中央に揃える ☱

20 スライドにグラフを挿入するには

動画で見る

グラフの挿入　　　　　　　　　　　　　練習用ファイル　　L020_グラフの挿入.pptx

数値の大小や推移などの全体的な傾向を示すときは、グラフを使って視覚的に見せると効果的です。[グラフの挿入]の機能を使うと、グラフの種類を選んだ後にワークシートが表示されるので、グラフに必要なデータを入力できます。

1 縦棒グラフを挿入する

テキストを入力

ここでは4枚目のグラフに、集合縦棒グラフを挿入する

1 4枚目のスライドをクリック

2 [グラフの挿入]をクリック

スライド 4/0 ～ 6　　日本語　　🚫 アクセシビリティ: 検討が必要です

[グラフの挿入]ダイアログボックスが表示された

3 [縦棒]をクリック

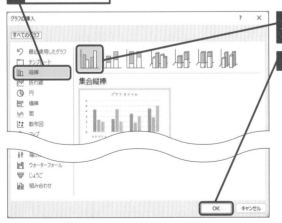

グラフの挿入

すべてのグラフ

🕘 最近使用したグラフ
📄 テンプレート
📊 縦棒
📈 折れ線
🥧 円
📊 横棒
🏔 面
📉 散布図
　　マップ
🎯 箱ひげ図
📶 ウォーターフォール
🌋 じょうご
📊 組み合わせ

集合縦棒

グラフ タイトル

カテゴリ

4 [集合縦棒]をクリック

5 [OK]をクリック

OK　　キャンセル

2 カテゴリと系列を入力する

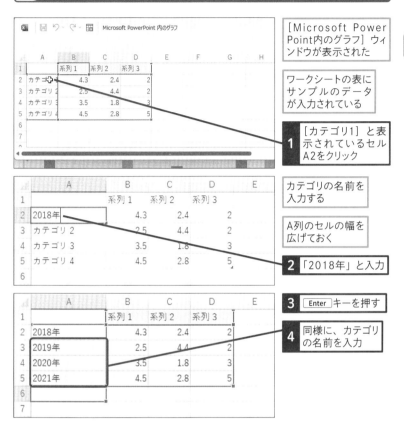

[Microsoft Power Point内のグラフ] ウィンドウが表示された

ワークシートの表にサンプルのデータが入力されている

1 [カテゴリ1] と表示されているセルA2をクリック

カテゴリの名前を入力する

A列のセルの幅を広げておく

2 「2018年」と入力

3 Enter キーを押す

4 同様に、カテゴリの名前を入力

☀ 使いこなしのヒント

[Microsoft PowerPoint内のグラフ] って何?

手順1の操作3 〜 5でグラフの種類を選ぶと [Microsoft PowerPoint内のグラフ] ウィンドウが表示され、ワークシートが表示されます。これは、PowerPointでExcelの一部の機能を利用できるウィンドウです。Excelのすべての機能を利用して

データを入力・編集するには、ワークシートが表示された後に [グラフのデザイン] タブの [データの編集] から [Microsoft Excelでデータを編集] ボタン (🔲) をクリックします。

次のページに続く ➡

● 続けてグラフのデータを入力する

	A	B	C	D	E	F
1		利用者数		系列3		
2	2018年	4.3	2.4	2		
3	2019年	2.5	4.4	2		
4	2020年	3.5	1.8	3		
5	2021年	4.5	2.8	5		
6						
7						

系列の名前と数値を入力する

5 [系列1] と表示されているセルをクリック

6 「利用者数」と入力

	A	B	C	D	E
1		利用者数	系列2	系列3	
2	2018年	863	2.4	2	
3	2019年	1612	4.4	2	
4	2020年	8750	1.8	3	
5	2021年	9128	2.8	5	
6					
7					

7 Enter キーを押す

8 同様にセルB2～B5に画面のデータを入力

使いこなしのヒント

ワークシート内で計算もできる

グラフの基になるデータはワークシートに入力します。そのため、ワークシートの計算機能を使って求めた合計や平均をグラフ化することもできます。

使いこなしのヒント

グラフのサイズや位置を調整するには

グラフの選択時に表示されるハンドル（○）をドラッグすると、グラフのサイズを自由に調整できます。このとき、Shift キーを押しながら四隅のハンドルをドラッグすると、グラフの縦横比を保持したままサイズを変更できます。また、グラフの外枠をドラッグすると、グラフを移動できます。

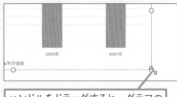

ハンドルをドラッグすると、グラフのサイズを変更できる

3 グラフ化される範囲を変更する

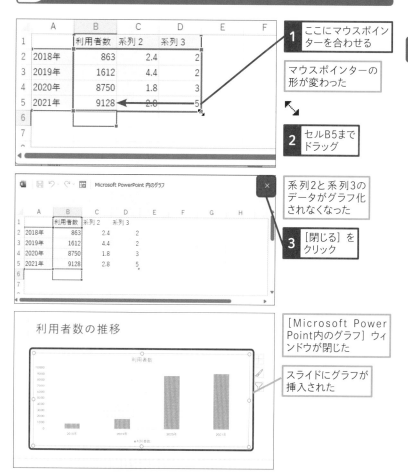

ここにマウスポイン
ターを合わせる

マウスポインターの
形が変わった

セルB5まで
ドラッグ

系列2と系列3の
データがグラフ化
されなくなった

[閉じる]を
クリック

[Microsoft Power
Point内のグラフ]ウィ
ンドウが閉じた

スライドにグラフが
挿入された

💡 使いこなしのヒント

青枠の内側がグラフ化される

ワークシートに青枠で囲まれている内側
がグラフ化されるデータです。不要なデー
タがあれば、青枠の右下にマウスポイン

ターを合わせてから内側にドラッグしま
しょう。反対に青枠を外側にドラッグす
ると、グラフ化する範囲を拡大できます。

グラフのデザインを変更するには

動画で見る

グラフのスタイル

練習用ファイル L021_グラフのスタイル.pptx

グラフには自動的に色やデザインが適用されますが、後から自由に変更できます。[グラフのスタイル] 機能や [色の変更] 機能を使うと、グラフの色や背景の色など、グラフ全体のデザインを一覧から選ぶだけで変更できます。

1 グラフ全体のデザインを変更する

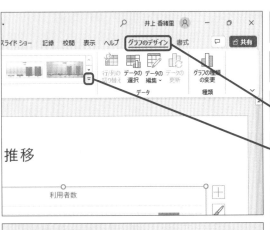

4枚目のスライドを表示しておく

1 [グラフエリア] をクリック

2 [グラフのデザイン] タブをクリック

3 [グラフスタイル] の [その他] をクリック

グラフのスタイルの一覧が表示された

4 [スタイル15] をクリック

グラフ全体のデザインが変更される

用語解説

グラフエリア

グラフが表示されているプレースホルダーを「グラフエリア」と言います。グラフエリアにはグラフのすべての要素が含まれます。

2 グラフの色を変更する

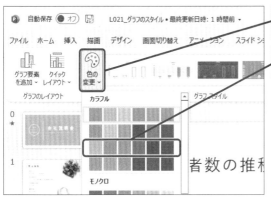

1 [色の変更]を
クリック

2 [カラフルなパレット3]をクリック

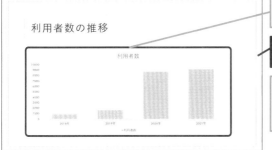

グラフの色が
変更された

3 スライドの外側を
クリック

結果が気に入らないときは、操作1からやり直して何回でもデザインを変更できる

使いこなしのヒント

グラフの各要素を個別に変更するには

グラフはタイトルや凡例など、複数の要素で構成されています。例えば、1本の棒の色だけを変更したいというように、それぞれの要素を個別に変更するには、変更したい要素をクリックして選択し、[書式]タブで書式を設定します。レッスン42では、棒の色を個別に変更する操作を解説しています。

変更したい系列をゆっくり2回クリックして選択したら、[書式]タブに切り替えて書式を設定する

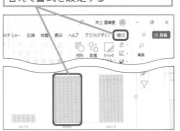

表の数値をグラフに表示するには

動画で見る

データラベル

練習用ファイル　L022_データラベル.pptx

グラフはいくつもの要素で構成されています。不要な要素を削除したり、不足している要素を追加したりして分かりやすいグラフに整えます。また、[データラベル]の機能を使うと、グラフの中にワークシートの数値を表示できます。

1 グラフ要素を削除する

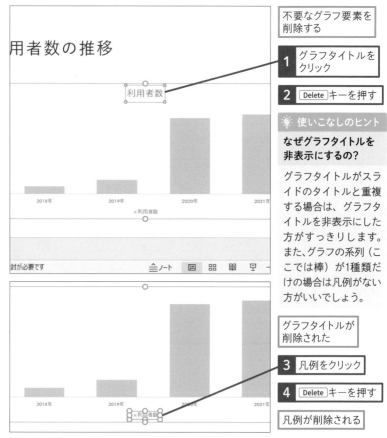

不要なグラフ要素を削除する

1 グラフタイトルをクリック

2 Delete キーを押す

使いこなしのヒント

なぜグラフタイトルを非表示にするの?

グラフタイトルがスライドのタイトルと重複する場合は、グラフタイトルを非表示にした方がすっきりします。また、グラフの系列(ここでは棒)が1種類だけの場合は凡例がない方がいいでしょう。

グラフタイトルが削除された

3 凡例をクリック

4 Delete キーを押す

凡例が削除される

2 データラベルを表示する

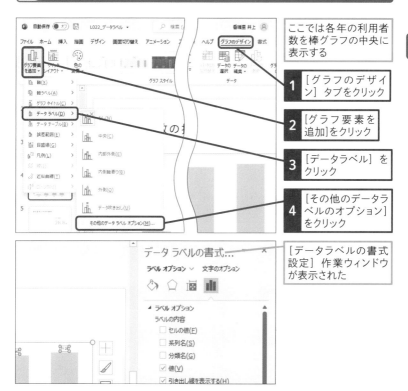

ここでは各年の利用者数を棒グラフの中央に表示する

1 [グラフのデザイン] タブをクリック

2 [グラフ要素を追加]をクリック

3 [データラベル] をクリック

4 [その他のデータラベルのオプション] をクリック

[データラベルの書式設定] 作業ウィンドウが表示された

使いこなしのヒント

グラフ右側に表示される [グラフ要素] ボタンも使える

グラフの右側の [+] (グラフ要素) ボタンをクリックすると、グラフを構成する要素の一覧が表示され、グラフ要素の表示と非表示を切り替えたり、要素の設定画面を開いたりすることができます。例えば、[グラフタイトル] のチェックマークを外すと、グラフタイトルを削除できます。

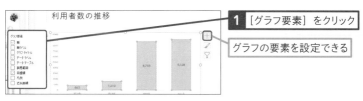

1 [グラフ要素] をクリック

グラフの要素を設定できる

次のページに続く →

● データラベルの書式を設定する

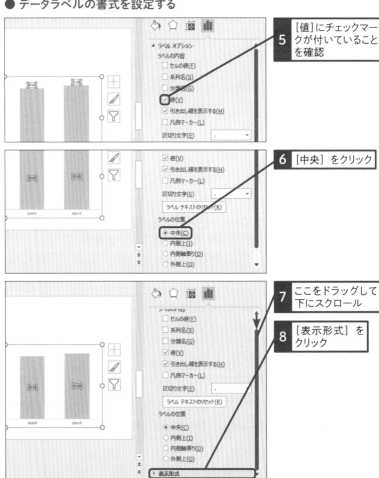

5 [値]にチェックマークが付いていることを確認

6 [中央]をクリック

7 ここをドラッグして下にスクロール

8 [表示形式]をクリック

使いこなしのヒント

[表示形式]って何?

表示形式とは、数値の見せ方のことです。データラベルを表示すると、最初は3桁ごとのカンマがない数値が表示されます。表示形式の[数値]を設定すると、データラベルの数値に3桁ごとのカンマが付きます。レッスン40では、表示形式を使って、「人」や「円」などの単位を付ける方法を解説しています。

● 3桁ごとにカンマが付くようにする

9 [カテゴリ] のここをクリックして [数値] を選択

データ ラベルの書式... ▾
ラベル オプション ∨ 文字のオプション

10 ここをクリック

▲ 表示形式
カテゴリ(C)
数値
小数点以下の桁数(D): 0

3 データラベルの文字サイズを変更する

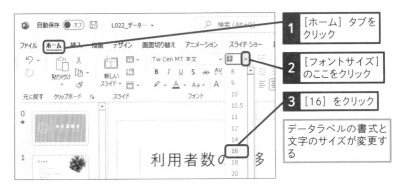

1 [ホーム] タブを
クリック

2 [フォントサイズ]
のここをクリック

3 [16] をクリック

データラベルの書式と
文字のサイズが変更す
る

利用者数の〜多

☀️ 使いこなしのヒント

系列や分類名を非表示にするには

グラフの右側に表示される [グラフフィ
ルター] ボタン (▽) を使うと、グラフ
に表示されている系列や分類を一時的に
非表示にできます。

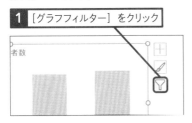

1 [グラフフィルター] をクリック

者数

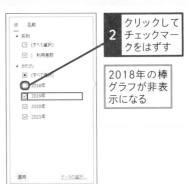

2 クリックして
チェックマー
クをはずす

2018年の棒
グラフが非表
示になる

23 Excelで作成したグラフを利用するには

グラフのコピーと貼り付け　　　**練習用ファイル**　L023_グラフのコピーと貼り付け.pptx
配達要員の年齢.xlsx

Excelで作成済みのグラフがあるときは、PowerPointでいちからグラフを作る必要はありません。[コピー] と [貼り付け] の機能を使って、Excelのグラフをスライドに貼り付けて利用できます。

1 Excelのグラフをコピーする

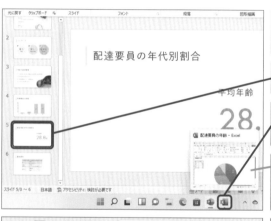

PowerPointとExcelを起動して、練習用ファイルを開いておく

1 5枚目のスライドをクリック

2 タスクバーにあるExcelのボタンをクリック

マウスポインターを合わせると、ファイルの内容がプレビューで表示される

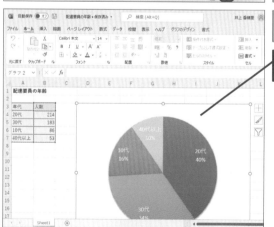

Excelの画面に切り替わった

3 [グラフエリア] をクリック

● グラフをコピーする

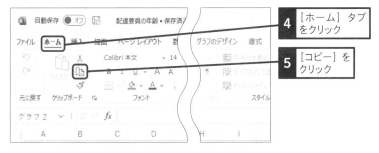

2 コピーしたグラフを貼り付ける

> PowerPointの画面
> に切り替えておく

配達要員の年代別割合

平均年齢

28.8歳

使いこなしのヒント

後から貼り付け方法を変更するには

Excelのグラフを貼り付けた後で、貼り付け方法を変更できます。Excelでグラフに設定していた色に戻すには、グラフの右下に表示される[貼り付けのオプション]ボタンをクリックし、一覧から[元の書式を保持しデータをリンク]をクリックします。

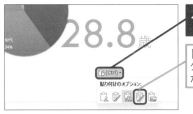

> 1 [貼り付けのオプション]
> をクリック

> [元の書式を保持しデータをリンク]を
> クリックすると、基のグラフと同じ書式
> が適用される

次のページに続く →

● 貼り付け先テーマを使用してグラフを貼り付ける

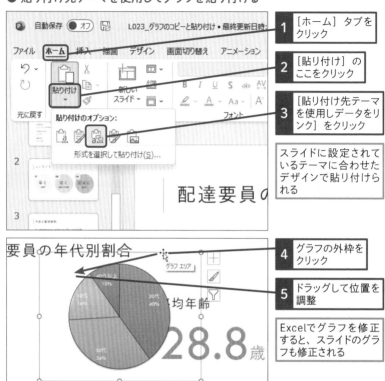

1 [ホーム] タブをクリック

2 [貼り付け] のここをクリック

3 [貼り付け先テーマを使用しデータをリンク] をクリック

スライドに設定されているテーマに合わせたデザインで貼り付けられる

4 グラフの外枠をクリック

5 ドラッグして位置を調整

Excelでグラフを修正すると、スライドのグラフも修正される

🔆 使いこなしのヒント

Excelのデータとリンクしないようにするには

手順2の操作3で、[貼り付け先のテーマを使用しデータをリンク] をクリックすると、Excelのグラフを修正したときに、スライドに貼り付けたグラフも連動して変化します。Excelのグラフと切り離して貼り付けるには、[貼り付け先のテーマを使用しブックを埋め込む] をクリックします。

[貼り付け先のテーマを使用しブックを埋め込む] をクリックすると、Excelのデータと連動しないグラフにできる

基本編 第4章 表やグラフを挿入して説得力を上げる

スライドのデザインに合わせて色が自動的に変わる

手順2の操作2で［貼り付け］ボタンを直接クリックするか、貼り付けのオプションから［貼り付け先のテーマを使用しブックを埋め込む］や［貼り付け先テーマを使用しデータをリンク］をクリックすると、Excelで作成したグラフの色合いが、貼り付け先のスライドに適用しているテーマに合わせて自動的に変更します。

● グラフのデザインを調整する

必要に応じてグラフのデザインを変更しておく

ここでは［グラフスタイル］の［スタイル11］を適用した

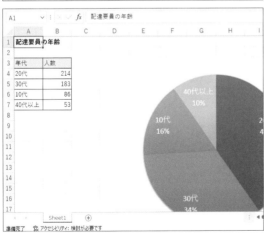

グラフのデータを変更する場合はExcelのデータを直接修正する

Excelの表も貼り付けられる

Excelのグラフをスライドに貼り付けるのと同様に、Excelの表を選択した後にコピーして、PowerPointのスライドに貼り付けることもできます。

スキルアップ

グラフを後から修正するには

スライドに貼り付けたExcelのグラフは、グラフを選択したときに表示される［グラフのデザイン］タブや［書式］タブを使ってPowerPointで編集できます。基になるデータそのものを編集したいときは、［グラフのデザイン］タブにある［データの編集］ボタンから［Excelでデータを編集］をクリックして、Excelを起動します。

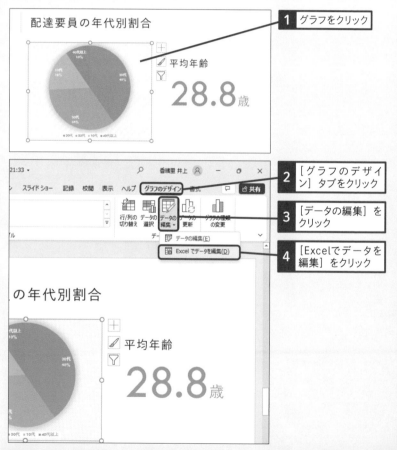

1 グラフをクリック

2 ［グラフのデザイン］タブをクリック

3 ［データの編集］をクリック

4 ［Excelでデータを編集］をクリック

基本編

第5章

写真や図表を使って
イメージを伝える

この章では、図表や図形、画像を挿入して、見栄え良く編集する操作を解説します。文字ばかりのスライドにこれらの視覚効果の高い要素が加わると、スライドが華やかになり表現力が高まります。

動画で見る

SmartArt　　　　　　　　　練習用ファイル　L024_SmartArt.pptx

フローチャートや組織図などの概念図を作成するには、[SmartArt] の機能を使います。いちから図表を作ることもできますが、ここでは、スライドに入力済みの箇条書きを [縦方向箇条書きリスト] の図表に変換します。

1 箇条書きを図表に変換する

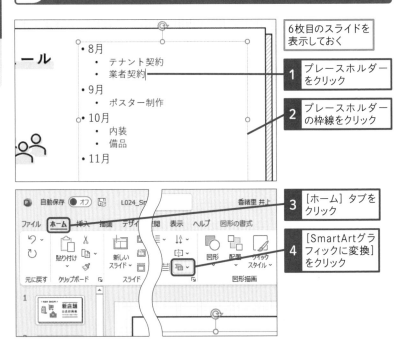

6枚目のスライドを表示しておく

1 プレースホルダーをクリック

2 プレースホルダーの枠線をクリック

3 [ホーム] タブをクリック

4 [SmartArtグラフィックに変換] をクリック

スライドの内容:
- 8月
  - テナント契約
  - 業者契約
- 9月
  - ポスター制作
- 10月
  - 内装
  - 備品
- 11月

🔍 **用語解説**

SmartArt

SmartArtは、組織図やベン図などの概念図を簡単に作る機能です。利用頻度が高い図表が登録されているので、種類を選んで文字を入力するだけで図表を作成できます。

基本編 第5章 写真や図表を使ってイメージを伝える

● 図表の種類を選択する

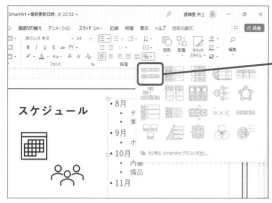

SmartArtの一覧が
表示された

5 [縦方向箇条書き
リスト]をクリック

※ 使いこなしのヒント

**ほかの図表の種類に
変換するには**

操作5のSmartArtの一
覧に、変換したい図表
の種類が表示されな
い場合は、[その他の
SmartArtグラフィッ
ク]をクリックして、
すべての図表を表示し
ます。

箇条書きが図表に
変換された

◆テキストウィンドウ
SmartArtの図表にあ
る文字を編集できる

※ 使いこなしのヒント

組織図を作成するには

企業やプロジェクトのメンバー構成を
表すときは「組織図」の図表を使いま
す。組織図を作るときは、[挿入]タブの
[SmartArtグラフィックの挿入]ボタンを
クリックし、[階層構造]のグループから
組織図の種類を選びます。

組織図は[階層構造]に
用意されている

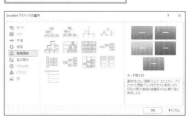

次のページに続く →

2 図表内のテキストを編集する

図表内の「11月」の下に文字を追加する

1 「11月」の末尾をクリック

2 Enter キーを押す

● 箇条書きが追加された

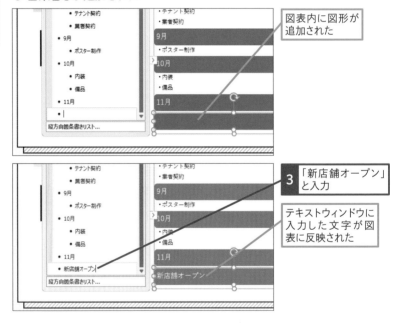

図表内に図形が追加された

3 「新店舗オープン」と入力

テキストウィンドウに入力した文字が図表に反映された

3 箇条書きのレベルを変更する

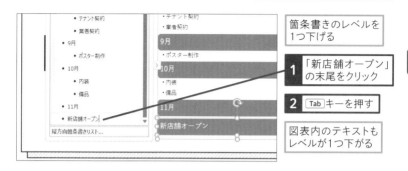

箇条書きのレベルを
1つ下げる

1 「新店舗オープン」
の末尾をクリック

2 [Tab]キーを押す

図表内のテキストも
レベルが1つ下がる

 ※これ以降はない

🔆 使いこなしのヒント

テキストウィンドウを閉じるには

テキストウィンドウを閉じるには テキス
トウィンドウ右上の [閉じる] ボタンを
クリックします。[SmartArtのデザイン]
タブの [テキストウィンドウ] ボタンを

クリックすると、いつでも再表示できま
す。なお、以下の操作でテキストウィン
ドウの表示と非表示を切り替えることも
できます。

● テキストウィンドウを非表示にする

[>] をクリックする

● テキストウィンドウを表示にする

[<] をクリックする

🔆 使いこなしのヒント

箇条書きのレベルを変更するには

図表内の文字にレベルを付けることがで
きます。[Tab]キーを押すとレベルが下が

り、[Shift]+[Tab]キーを押すとレベルが
上がります。

SmartArtのスタイル　　　　練習用ファイル　L025_SmartArtのスタイル.pptx

SmartArtを構成している図形の色やデザインは、後から自由に変更できます。ここでは、[色の変更] の機能と [SmartArtのスタイル] の機能を組み合わせて、図表全体の見た目を変更します。

1 図表の色を変更する

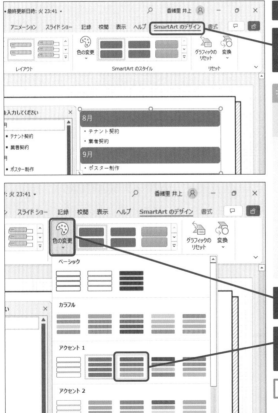

1 図表をクリック

2 [SmartArtの デザイン] タ ブをクリック

使いこなしのヒント

テーマに応じて色が変わる

[色の変更] ボタンに表示される一覧は、スライドに適用しているテーマごとに異なります。そのため、後からテーマを変更すると、図表に設定した色の組み合わせも自動で変わります。

3 [色の変更] をクリック

4 [グラデーション -アクセント1] をクリック

図表の色が変更される

2 図表のスタイルを変更する

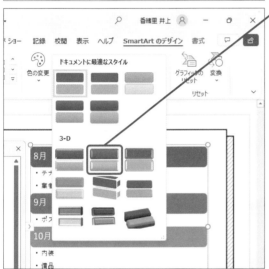

1 [SmartArtのスタイル] グループのここをクリック

スタイルの一覧が表示された

2 [凹凸] をクリック

図表のデザインが変更される

☀ 使いこなしのヒント

図形は後から追加できる

図形の数は、[SmartArtのデザイン] タブにある [図形の追加] ボタンをクリックして後から追加できます。図形の外枠をクリックしてから Delete キーを押すと図形を削除できます。

☀ 使いこなしのヒント

図表に設定した効果をまとめて削除するには

図表に設定したさまざまな効果をまとめて削除するには、[SmartArtのデザイン] タブにある [グラフィックのリセット] ボタンをクリックします。

クリックすると図形に適用した効果がすべて取り消される

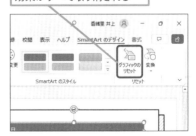

26 図形を挿入するには

動画で見る

図形 　　　　　　　　　　　　　　**練習用ファイル**　L026_図形.pptx

図形の中に文字を入れると、文字だけで見せるよりも注目を集めて目立たせることができます。ここでは、グラフで伝えたいポイントを四角形の図形の中に入力します。文字は自動的に図形の中央に表示されます。

1 図形を挿入する

4枚目のスライドを表示しておく

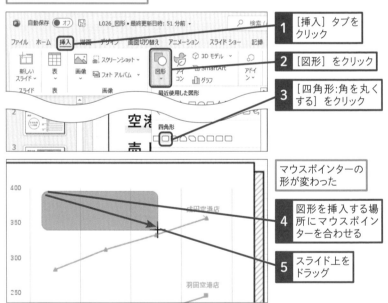

1 [挿入] タブをクリック

2 [図形] をクリック

3 [四角形:角を丸くする] をクリック

マウスポインターの形が変わった

4 図形を挿入する場所にマウスポインターを合わせる

5 スライド上をドラッグ

☀ 使いこなしのヒント

正円や正方形を描画するには

手順1の操作5で[Shift]キーを押しながらドラッグすると、正方形を描画できます。また、[楕円]を選んだ後に[Shift]キーを押しながらドラッグすると正円になります。

● 図形が作成された

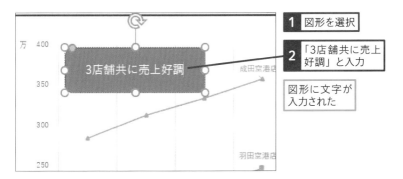

四角形が挿入された

2 図形に文字を入力する

1 図形を選択

2 「3店舗共に売上好調」と入力

3店舗共に売上好調

図形に文字が入力された

☀ 使いこなしのヒント

黄色いハンドルは何?

このレッスンで利用している角の丸い四角形のように、図形によっては黄色いハンドル（◯）が表示されます。これは「調整ハンドル」と呼ばれ、図形の形状を変更するときに使います。角の丸い四角形の調整ハンドルをドラッグすると、角の丸み加減を調整できます。

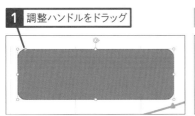

1 調整ハンドルをドラッグ

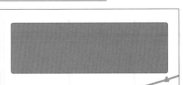

角の丸みが調整された

次のページに続く➡

3 図形の色を変更する

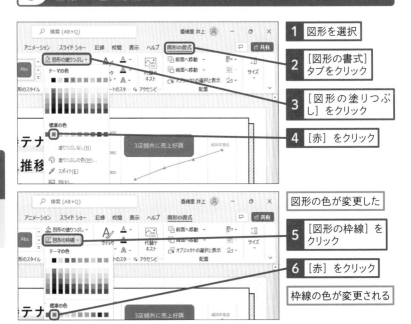

1 図形を選択

2 [図形の書式] タブをクリック

3 [図形の塗りつぶし] をクリック

4 [赤] をクリック

図形の色が変更した

5 [図形の枠線] をクリック

6 [赤] をクリック

枠線の色が変更される

使いこなしのヒント

枠線の太さや種類を変更するには

図形の枠線の太さや種類は、以下の手順で変更できます。ただし、このレッスンのように図形の色と枠線の色が同じ場合は、太さや種類を変更しても大きな変化はありません。

●枠線の太さを変更する

枠線の太さを選択できる

●枠線の種類を変更する

枠線の種類を変更できる

4 図形内の文字のサイズを変更する

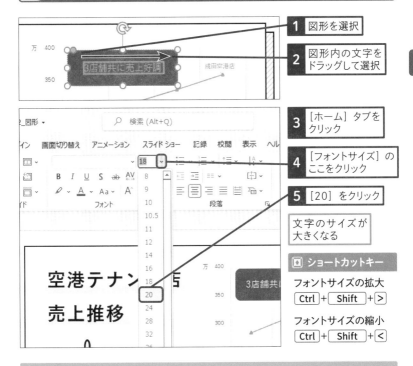

1 図形を選択

2 図形内の文字を
ドラッグして選択

3 [ホーム] タブを
クリック

4 [フォントサイズ] の
ここをクリック

5 [20] をクリック

文字のサイズが
大きくなる

🔲 ショートカットキー

フォントサイズの拡大
[Ctrl] + [Shift] + [>]

フォントサイズの縮小
[Ctrl] + [Shift] + [<]

🔆 使いこなしのヒント

枠線を削除するには

図形の枠線はないほうがすっきりします。
図形の枠線を消すには、[図形の書式] タ
ブから [図形の枠線] をクリックし、[枠
線なし] を選びます。このレッスンのよ
うに、図形の色と枠線の色を同じにして、
枠線を見えなくする方法もあります。

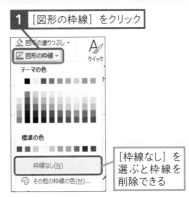

1 [図形の枠線] をクリック

[枠線なし] を
選ぶと枠線を
削除できる

27 写真を挿入するには

画像 　　　　　　　　　　　**練習用ファイル** L027_画像.pptx

スライドの内容に合った画像を入れると、説明している内容が具体的になってイメージしやすくなります。デジタルカメラなどで撮影した画像を使うときは、あらかじめ画像をパソコンに取り込んでおきましょう。

基本編 第5章 写真や図表を使ってイメージを伝える

1 パソコンに保存した画像を挿入する

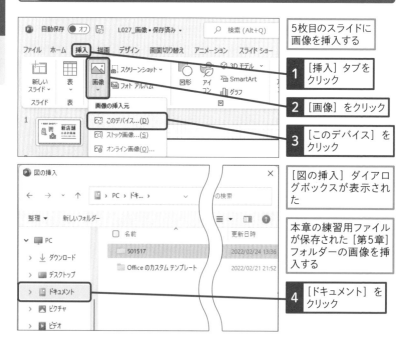

5枚目のスライドに画像を挿入する

1 [挿入] タブをクリック

2 [画像] をクリック

3 [このデバイス] をクリック

[図の挿入] ダイアログボックスが表示された

本章の練習用ファイルが保存された [第5章] フォルダーの画像を挿入する

4 [ドキュメント] をクリック

使いこなしのヒント

コンテンツのレイアウトからも挿入できる

[タイトルとコンテンツ] などのレイアウトのスライド中央にある [図] ボタン (🖼) を使っても写真を挿入できます。[図] ボタンをクリックすると、操作4の [図の挿入] ダイアログボックスが表示されます。

● 画像が保存されたフォルダーを選択する

5 画像の保存場所を選択

6 画像をクリック

7 [挿入]をクリック

画像が挿入された

新店舗

2022年秋

関西空港店

オープン予定

💡 使いこなしのヒント

画像が中央に表示される場合もある

画像は、スライド上の空のプレースホルダーのサイズで挿入されます。スライドに空のプレースホルダーがない場合や、プレースホルダーそのものがないスライ ドに画像を挿入すると、スライドの中央に画像が大きく表示されます。画像のサイズや位置の調整方法は、レッスン29で解説しています。

💡 使いこなしのヒント

複数の画像を一度に挿入するには

[挿入]タブの[画像]から[このデバイス]を選んだときに表示される[図の挿入]ダイアログボックスで、複数の図形 を選択してから[挿入]をクリックすると、複数の画像をまとめて挿入できます。

28 写真の一部を切り取るには

トリミング　　　　　　　　　　　　　　　**練習用ファイル**　L028_トリミング.pptx

撮影した画像に不要なものが映り込んでいても心配はありません。[トリミング] の機能を使うと、画像の不要な部分を切り取って隠してしまうことがきます。見せたい部分だけが大きく表示されるようにトリミングしましょう。

1 範囲を指定して画像を切り取る

5枚目のスライドの画像の一部を切り取る

1 画像をクリック

2 [図の形式] タブをクリック

3 [トリミング] をクリック

ハンドルの形が変わった

4 ハンドルにマウスポインターを合わせる

マウスポインターの形が変わった

☀ 使いこなしのヒント

画像の縦横比を保持したままトリミングするには

画像をトリミングした結果、画像が横長や縦長になってしまうことがあります。元の画像の縦横比を保ったままトリミングを行うには、[Shift] キーを押しながら黒いハンドルをドラッグします。

[Shift] キーを押しながらドラッグする

● 切り取る範囲を指定する

5 切り取りたい範囲までドラッグ

切り取られて非表示になる範囲はグレーで表示される

トリミングのハンドルが表示されているときに画像をドラッグすると、表示位置を変更できる

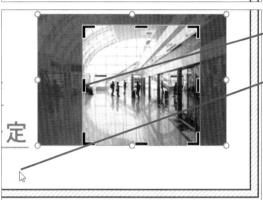

6 ハンドルをドラッグして切り取る範囲を調整

7 スライド内の余白をクリック

グレーで表示されていた範囲が切り取られる

使いこなしのヒント

トリミング前の画像に戻すには

トリミング前の画像に戻すには、黒いハンドルを反対方向にドラッグします。なお、[図の形式] タブにある [図のリセット] ボタンから [図とサイズのリセット] をクリックすると、写真を最初の状態に戻せます。

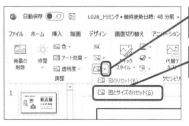

1 [図のリセット] のここをクリック

2 [図とサイズのリセット] をクリック

29 写真の位置やサイズを変更するには

写真の移動と大きさの変更 　　　**練習用ファイル**　L029_移動と大きさの変更.pptx

スライドに挿入した画像は、後からサイズや位置を調整できます。撮影したカメラによっては大きなサイズで表示されたり、トリミング後に小さくなったりすることもあるでしょう。画像を最適なサイズや位置に調整して見栄えを整えます。

1 画像のサイズを変更する

5枚目のスライドの画像を大きくする

1 画像をクリック

2 ハンドルにマウスポインターを合わせる

マウスポインターの形が変わった

3 矢印の方向にドラッグ

画像のサイズが大きくなる

⚠ ここに注意

画像の四隅以外のハンドルをドラッグしてサイズを変更すると、元の画像の縦横比が崩れてしまうので注意しましょう。

基本編

第5章

写真や図表を使ってイメージを伝える

2 画像の位置を変更する

1 画像をクリック

2 画像にマウスポインターを合わせる

マウスポインターの形が変わった

3 配置したい位置までドラッグ

画像の位置が移動した

使いこなしのヒント

画像を入れ替えるには

画像のサイズや位置などを調整し終った後で、画像そのものを変更したいときは、[図の形式] タブの [図の変更] ボタンから変更後の画像を選択します。すると、位置とサイズを保ったまま画像だけが入れ替わります。

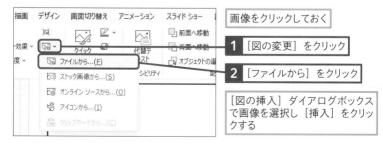

画像をクリックしておく

1 [図の変更] をクリック

2 [ファイルから] をクリック

[図の挿入] ダイアログボックスで画像を選択し [挿入] をクリックする

スキルアップ

画像素材をPowerPointで探すには

[挿入] タブの [画像] から [オンライン画像] や [ストック画像] をクリックすると、インターネット上の画像を検索して、スライドに挿入できます。ただし、インターネットには勝手に利用できない画像もあるので、利用規約をしっかり確認してから利用しましょう。

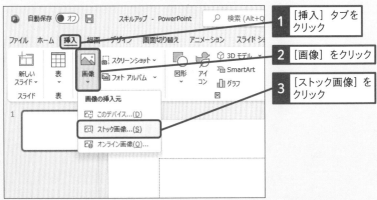

1 [挿入] タブをクリック

2 [画像] をクリック

3 [ストック画像] をクリック

画像を選択して [挿入] をクリックすると画像が挿入される

基本編

第 6 章

スライドショーの
実行と資料の印刷

この章では、作成したスライドにスライド番号を付けてから「スライドショー」で実行する操作を解説します。また、スライドをいろいろな形式で印刷したりPDF形式で保存したりする方法を紹介します。

スライドに番号を挿入するには

動画で見る

スライド番号

練習用ファイル L030_スライド番号.pptx

スライド作成の仕上げとして、表紙以外のスライドにスライド番号を挿入します。スライド番号は、[挿入] タブの [ヘッダーとフッター] ボタンをクリックして表示される [ヘッダーとフッター] ダイアログボックスで設定します。

1 表紙以外にスライド番号を挿入する

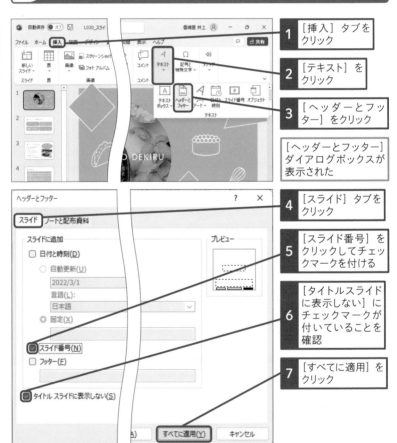

1 [挿入] タブをクリック

2 [テキスト] をクリック

3 [ヘッダーとフッター] をクリック

[ヘッダーとフッター] ダイアログボックスが表示された

4 [スライド] タブをクリック

5 [スライド番号] をクリックしてチェックマークを付ける

6 [タイトルスライドに表示しない] にチェックマークが付いていることを確認

7 [すべてに適用] をクリック

● スライド番号を確認する

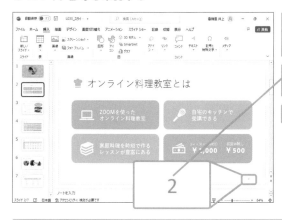

2枚目のスライド以降に
スライド番号が挿入さ
れる

スライド番号が［2］
と表示される

⚠ ここに注意

操作7で［適用］ボタ
ンをクリックすると、
選択しているスライド
だけにスライド番号が
挿入されます。

30

スライド番号

☀ 使いこなしのヒント

スライド番号の位置はテーマによって異なる

このレッスンのスライドでは、スライド
番号が右下に表示されました。ただし、
スライドにテーマを適用している場合は、

テーマによってスライド番号が表示され
る位置が異なります。

☀ 使いこなしのヒント

ヘッダーとフッターって何?

ヘッダーとは、スライドの上部の領域の
ことです。また、フッターとは、スライ
ドの下部の領域のことです。ヘッダーや
フッターに会社名やプロジェクト名、実
施日、スライド番号などの情報を設定す

ると、すべてのスライドの同じ位置に同
じ情報が表示されます。フッターに会社
名を表示する操作は、101ページの「ス
ライドに社名などの情報を表示するには」
のヒントを参照してください。

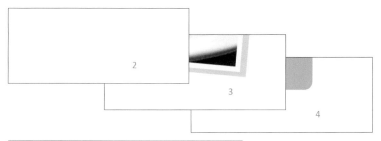

それぞれのスライドの同じ位置にスライド番号が入る

次のページに続く ➡

2 スライドの開始番号を設定する

2枚目のスライド番号が「1」から開始されるようにする

1 [デザイン] タブをクリック

2 [スライドのサイズ] をクリック

3 [ユーザー設定のスライドサイズ] をクリック

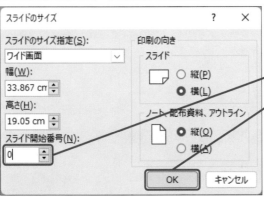

[スライドのサイズ] ダイアログボックスが表示された

スライドのサイズ	? ×

スライドのサイズ指定(S):
ワイド画面

幅(W):
33.867 cm

高さ(H):
19.05 cm

スライド開始番号(N):
0

印刷の向き
スライド
○ 縦(P)
● 横(L)

ノート、配布資料、アウトライン
● 縦(O)
○ 横(A)

4 [スライド開始番号] に「0」と入力

5 [OK] をクリック

[OK] [キャンセル]

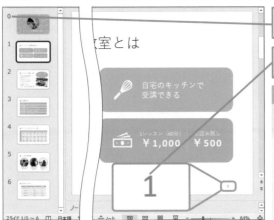

スライドの開始番号が「0」になった

2枚目のスライドに [1] と表示された

☀ 使いこなしのヒント

移動や削除でスライド番号も変わる

スライド番号を挿入してからスライドの追加や削除、移動を行うと、自動的にスライド番号が調整されます。

● スライド番号を確認する

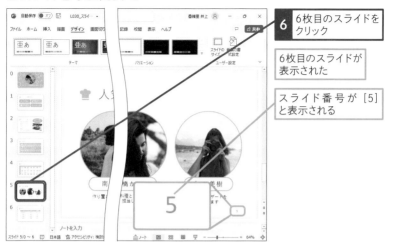

6枚目のスライドを **6** クリック

6枚目のスライドが
表示された

スライド番号が［5］
と表示される

☀ 使いこなしのヒント

スライドに社名などの情報を表示するには

スライドに会社名や氏名などを表示するには、［挿入］タブの［ヘッダーとフッター］をクリックし、［ヘッダーとフッター］ダイアログボックスの［フッター］欄に文字を入力します。すると、すべてのスライドの下部中央に指定した文字が表示されます。

サービス名を入力して［すべてに適用］
をクリックする

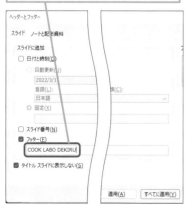

入力したサービス名がスライドに
表示される

COOK LABO DEKIRU

スライドショー   **練習用ファイル** L031_スライドショー.pptx

スライドを画面いっぱいに大きく表示してプレゼンテーションを行うことを「スライドショー」と呼びます。スライドショーを実行するには、[スライドショー]タブからスライドショーモードに切り替えます。

1 最初のスライドから開始する

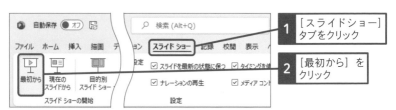

1 [スライドショー]タブをクリック

2 [最初から]をクリック

スライドが画面全体に表示された

3 スライドをクリック

🔅 使いこなしのヒント

前のスライドに戻るには

スライドショーの実行中に1つ前のスライドに戻るには、キーボードの[Back space]キーを押します。マウスで操作するときは、画面の左下に表示される[スライドショー]ツールバーのボタン（◁）をクリックします。

◆ [スライドショー]ツールバー
スライドショー実行中にスライドを操作できる

● 次のスライドが表示された

次のスライドに
切り替わった

同様の操作で、クリックしながら最後のスライドまで表示する

🔲 ショートカットキー

スライドショーの中断
`Esc`

スライドショーの開始
`F5`

表示しているスライド
から開始
`Shift` + `F5`

すべてのスライドが表示されると黒いスライドが表示される

4 スライドをクリック

スライドショー実行前
の画面に戻る

2 途中からスライドショーを実行する

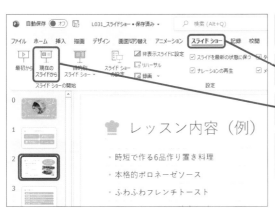

1 3枚目のスライドを
クリック

2 [スライドショー]
タブをクリック

3 [現在のスライドか
ら] をクリック

3枚目のスライドから
スライドショーが実行
される

32 発表者専用の画面を利用するには

ノートペイン／発表者ツール　　　　　**練習用ファイル**　L032_発表者ツール.pptx

スライドショーでは、聞き手に見せる画面とは別に発表者専用の［発表者ツール］の画面を利用できます。この画面には、ノートペインに入力したメモが表示されるため、説明する内容を確認しながら進行できます。

1 ノートペインを表示する

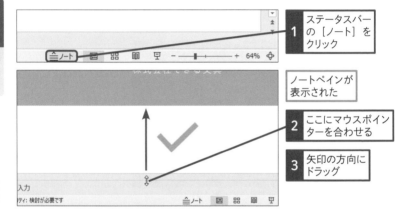

1 ステータスバーの［ノート］をクリック

ノートペインが表示された

2 ここにマウスポインターを合わせる

3 矢印の方向にドラッグ

💡 使いこなしのヒント

［発表者ツール］って何?

発表者ツールは、スライドショーの実行中に、聞き手に見せる画面とは別の画面で利用する機能の総称です。聞き手の画面にはスライドだけが表示されますが、発表者の画面には、次のスライドやノートペインに入力したメモ、経過時間などが表示されます。107ページの「使いこなしのヒント」では、発表者ツールの画面構成と役割を解説しています。

◆発表者ツール

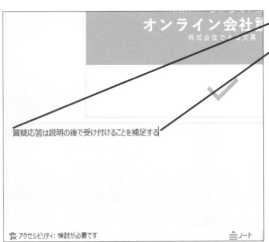

4 ここをクリック

5 補足事項や発表の
ポイントなどを入力

💡 **使いこなしのヒント**

メモは簡潔に入力する

ノートペインに入力
するメモは、スライド
ショー実行中に素早く
確認できるように、ポ
イントを絞って簡潔に
入力しましょう。

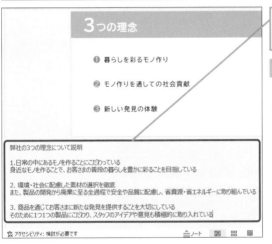

ほかのスライドにも、
同様にメモを入力で
きる

💡 **使いこなしのヒント**

**ノートペインを非表示
にするには**

ステータスバーの
[ノート] をクリックす
るごとに、ノートペイ
ンの表示と非表示が交
互に切り替わります。

💡 **使いこなしのヒント**

[表示] タブからも表示できる

[表示] タブにある [ノート] をクリック
すると、ノート表示モードに切り替わり
ます。ノートペインには文字しか入力で
きませんが、ノート表示モードでは、入
力した文字に書式を付けたり、画像や図
形などを挿入することができます。

次
の
ペ
ー
ジ
に
続
く
➡

2 発表者ツールを表示する

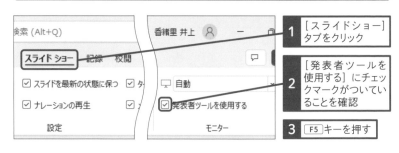

1 [スライドショー] タブをクリック

2 [発表者ツールを使用する] にチェックマークがついていることを確認

3 F5 キーを押す

● 発表者のパソコン画面

スライドショーが実行され、発表者の画面には発表者ツールが表示された

☀️ 使いこなしのヒント

外部機器を接続すると自動的に発表者ツールが表示される

パソコンに2台のモニター機器（プロジェクターやパソコン画面など）が接続されていると、スライドショーの実行時に、発表者のモニターには発表者ツール、聞き手のモニターにはスライドが自動的に表示されます。

ノートペインに入力したメモはここに表示される

4 画面をクリック

2枚目のスライドに入力した発表用のメモが表示される

☀ 使いこなしのヒント

［発表者ツール］の画面構成

［発表者ツール］には、中央に聞き手に見せるスライドが大きく表示され、その周りにスライドショー実行中に使える機能が並んでいます。モニターが1台の場合は、スライドショーの画面を右クリックして表示されるメニューから［発表者ツールを表示］をクリックして画面構成を確認しましょう。

32

ノートペイン／発表者ツール

経過時間が表示される　次のスライドが確認できる

［スライドショーツール］が表示される

総スライド数と、現在表示中のスライドが何枚目か確認できる

● 聞き手側の画面

聞き手が見ているディスプレイにはスライドのみが表示される

▲ ここに注意

Zoomなどのオンライン会議ツールを使うときは、発表者ツールの画面が映し出されるのを防ぐために、［発表者ツールを使用する］のチェックマークを外しておきましょう。

33 スライドを印刷するには

印刷   **練習用ファイル**   L033_印刷.pptx

作成したスライドはいろいろなレイアウトで印刷することができます。このレッスンでは、1枚のスライドを横置きのA4用紙に大きく印刷します。印刷を実行する前に、[印刷] の画面で印刷イメージをしっかり確認しましょう。

1 すべてのスライドを印刷する

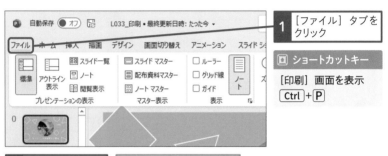

1 [ファイル] タブをクリック

🔲 **ショートカットキー**

[印刷] 画面を表示
Ctrl + P

2 [印刷] をクリック   印刷イメージが表示された

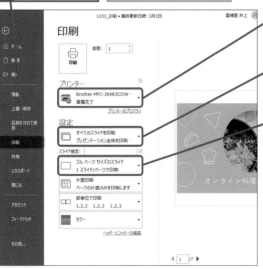

3 ここをクリックしてプリンターを選択

4 [すべてのスライドを印刷] が選択されていることを確認

5 [フルページサイズのスライド] が選択されていること確認

● 印刷部数を確認して印刷を実行する

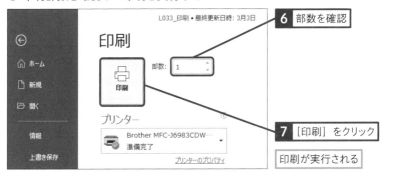

L033_印刷 • 最終更新日時: 3月3日

印刷

部数: 1

プリンター

Brother MFC-J6983CDW…
準備完了

プリンターのプロパティ

6 部数を確認

7 [印刷] をクリック

印刷が実行される

2 特定のスライドを印刷する

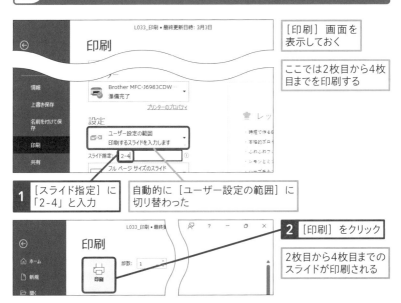

L033_印刷 • 最終更新日時: 3月3日

印刷

Brother MFC-J6983CDW…
準備完了

プリンターのプロパティ

設定

ユーザー設定の範囲
印刷するスライドを入力します

スライド指定: 2-4

フル ページ サイズのスライド

[印刷] 画面を
表示しておく

ここでは2枚目から4枚
目までを印刷する

1 [スライド指定] に
「2-4」と入力

自動的に [ユーザー設定の範囲] に
切り替わった

L033_印刷 • 最終

印刷

部数: 1

2 [印刷] をクリック

2枚目から4枚目までの
スライドが印刷される

使いこなしのヒント

離れたスライドを印刷するには

手順2の操作1で [スライド指定] に「2,4」
のように、半角のカンマで区切って指定
すると、2枚目と4枚目といった離れたス

ライドを印刷できます。「2-4,6」のよう
にハイフンとカンマを組み合わせて指定
することもできます。

34 スライドをPDF形式で 保存するには

動画で見る

エクスポート　　　　　　　　　　練習用ファイル　L034_エクスポート.pptx

作成したスライドをPDF形式のファイルとして保存します。PDF形式で保存すると、PowerPointがインストールされていないパソコンやWindows以外のパソコンでもスライドの内容を表示・閲覧できます。

1 PDFに出力する

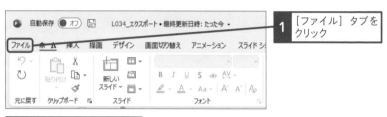

1 [ファイル] タブをクリック

2 [エクスポート] をクリック

3 [PDF/XPSドキュメントの作成」をクリック

4 [PDF/XPSの作成] をクリック

用語解説

PDF

PDFとは「Portable Document Format」（ポータブル・ドキュメント・フォーマット）の略で、アドビ株式会社が開発した ファイル形式の名前です。PDF形式でファイルを保存すると、OSなどの違いに関係なく、ファイルを閲覧できます。

● PDFファイルの保存場所を選択する

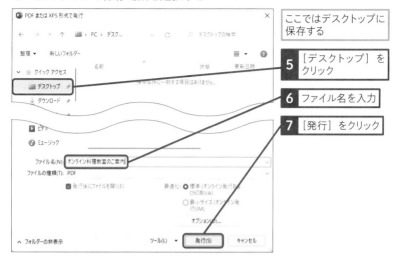

ここではデスクトップに
保存する

5 [デスクトップ] を
クリック

6 ファイル名を入力

7 [発行] をクリック

2 PDFファイルを開く

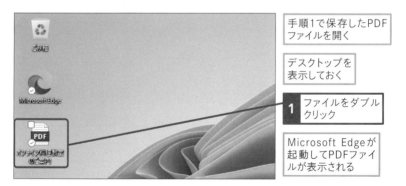

手順1で保存したPDF
ファイルを開く

デスクトップを
表示しておく

1 ファイルをダブル
クリック

Microsoft Edgeが
起動してPDFファイ
ルが表示される

🔅 使いこなしのヒント

PDFファイルを開くアプリはパソコンによって異なる

このレッスンでは、PDF形式で保存した
ファイルを開くと、自動的にMicrosoft
Edgeというブラウザーが起動しました。
パソコンにAdobe Readerがインストール
されている場合は、Adobe Readerが起

動します。これは、PDFファイルをどの
アプリで開くかがあらかじめ設定されて
いるためです。どのアプリが起動するか
はパソコンによって異なります。

スキルアップ

1ページに複数のスライドを印刷するには

プレゼンテーション会場で、発表に使ったスライドを資料として配布する場合があります。配布資料は、作成したスライドの [印刷] 画面を開いて、印刷形式を変更するだけで用意できます。ここでは、1枚の用紙にスライドを2枚ずつ印刷します。

> レッスン33を参考に、[印刷]
> 画面を表示しておく

> ここでは1枚の用紙にスライドを
> 2枚ずつ配置する

1 [フルページサイズのスライド] をクリック

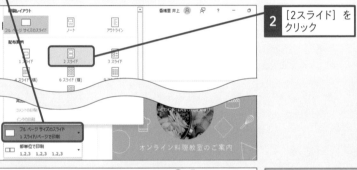

2 [2スライド] を
クリック

3 [印刷] をクリック

> 上下に2枚のスライドが
> 表示された

> 印刷が実行される

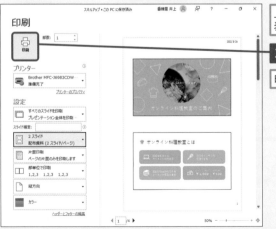

活用編

第 7 章

より印象に残る文字やデータの魅せ方

この章では、イラストや画像、図形を使って、印象に残るスライドを作成する操作を解説します。また、表の罫線を少なくしたり、グラフの色や太さを変えるなどして、表とグラフを効果的に見せる方法を紹介します。

35 アイコンの色を変えて オリジナリティを出す

| アイコン | 練習用ファイル | L035_アイコン.pptx |

活用編 第7章 より印象に残る文字やデータの魅せ方

[アイコン] の機能を使うと、自分でイラストを用意しなくても、たくさん用意されているイラストから好きなものを無料で利用できます。また、スライドに挿入したイラストの色を後から変更することもできます。

アイコンを使ってスライドにアクセントを加える

Before

会社説明会資料

2022年度

できるシステム株式会社 人事部 / 村田典子

After

会社説明会資料

2022年度

できるシステム株式会社 人事部 / 村田典子

文字だけで構成するとやや
寂しい印象に見える

アイコンを入れると
アイキャッチにもなる

1 アイコンを挿入する

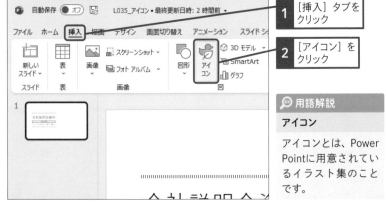

1 [挿入] タブを
クリック

2 [アイコン] を
クリック

用語解説

アイコン

アイコンとは、Power
Pointに用意されてい
るイラスト集のこと
です。

● アイコンをキーワードで検索する

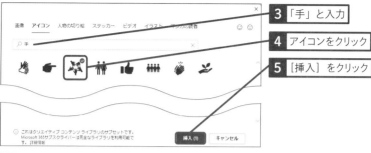

3 「手」と入力

4 アイコンをクリック

5 [挿入]をクリック

アイコンが挿入された

6 ハンドルをドラッグしてサイズを調整

🔆 使いこなしのヒント

アイコンの向きを変える

スライドに挿入したアイコンは、[グラフィックス形式]タブの[回転]から上下左右に回転して向きを変更できます。

7 ドラッグしてスライドの右側に移動

🔆 使いこなしのヒント

アイコンの色を変えるには

このレッスンでは、いったんイラストを分解してから色を変更していますが、イラスト全体の色を変更する場合はアイコンをクリックし、[グラフィックス形式]タブにある[グラフィックの塗りつぶし]ボタンから変更後の色を選択します。

[グラフィックの塗りつぶし]をクリックして表示される一覧から色を選択する

次のページに続く →

2 アイコンのパーツを分解して色を変える

1 [グラフィックス形式] タブをクリック

2 [グループ化] をクリック

3 [グループ解除] をクリック

確認画面が表示された

4 [はい] をクリック

複数の図形に分解された

会社説明会資料

2022年度

できるシステム株式会社 人事部：村田美月

用語解説

グループ化

複数の図形をひとつにまとめることを「グループ化」と呼びます。反対に、グループ化されている図形を分解することを「グループ解除」と呼びます。[アイコン] の機能で挿入したイラストの中には、複数の図形で構成されているものがあり、グループを解除することで図形ごとに色や向きを変更できます。ただし、グループ解除できないアイコンもあります。

● 図形の色を変更する

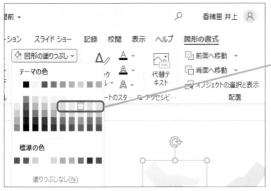

レッスン26の手順3
を参考に図形の色を
変更しておく

ここではこれらの色を
各図形に適用した

---

3 複数の図形をグループ化する

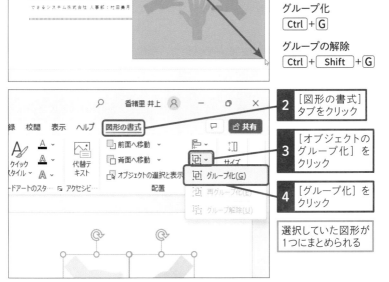

1 すべての図形を囲むようにドラッグ

図形が選択された

🔲 ショートカットキー

グループ化
`Ctrl` + `G`

グループの解除
`Ctrl` + `Shift` + `G`

2 [図形の書式]タブをクリック

3 [オブジェクトのグループ化]をクリック

4 [グループ化]をクリック

選択していた図形が
1つにまとめられる

36 図形を背景と同じ色で 塗りつぶして統一感を出す

スポイト | 練習用ファイル | L036_スポイト.pptx

図形の色は、カラーパレットに用意されている色に変更するだけでなく、スライドで使われている色とまったく同じ色に変更することもできます。[スポイト]の機能を使って、図形の色を画像と同じ色に変更してみましょう。

活用編 第7章 より印象に残る文字やデータの魅せ方

色を合わせて全体の雰囲気を揃える

Before

初心者向けFXセミナー
特別セミナーのご案内

→

After

初心者向けFXセミナー
特別セミナーのご案内

図形の黒色が強すぎて、全体の雰囲気を壊している

塗りつぶしの色を背景画像と合わせつつ、透過性を変更するとすっきり見える

1 画像の色を抽出する

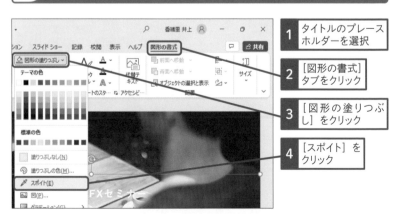

1	タイトルのプレースホルダーを選択
2	[図形の書式]タブをクリック
3	[図形の塗りつぶし]をクリック
4	[スポイト]をクリック

● 画像内の色を抽出する

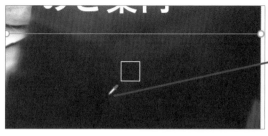

マウスポインターの形
が変わった

5 色を抽出したい
箇所でクリック

プレースホルダーが抽
出した色で塗りつぶさ
れた

2 塗りつぶしの透明度を変更する

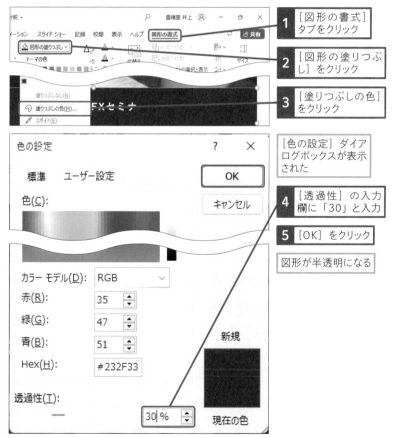

1 [図形の書式]
タブをクリック

2 [図形の塗りつぶ
し] をクリック

3 [塗りつぶしの色]
をクリック

[色の設定] ダイア
ログボックスが表示
された

4 [透過性] の入力
欄に「30」と入力

5 [OK] をクリック

図形が半透明になる

色の設定 ? ×

標準 ユーザー設定 OK

色(C): キャンセル

カラー モデル(D): RGB

赤(R): 35

緑(G): 47

青(B): 51

Hex(H): #232F33

透過性(T): 30 %

新規

現在の色

37 スライド全面に写真を敷いてイメージを伝える

背景を図で塗りつぶす　　　　　　**練習用ファイル** L037_画像背景.pptx

スライドの背景色やデザインは[背景の書式設定]の機能を使って設定できます。ここでは、表紙のスライドの背景に、プレゼンテーション全体をイメージできるような画像を大きく表示します。

表紙のスライドを写真で彩ろう

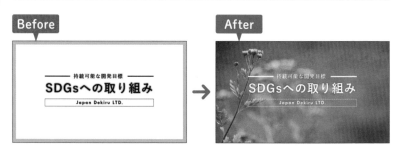

Before

シンプルでまとまりはあるが、やや物足りない印象

After

画像を大きく使うとインパクトがあり、イメージも伝わりやすい

1 スライドの背景に画像を挿入する

1 [デザイン] タブをクリック

2 [背景の書式設定] をクリック

● 背景の設定を変更する

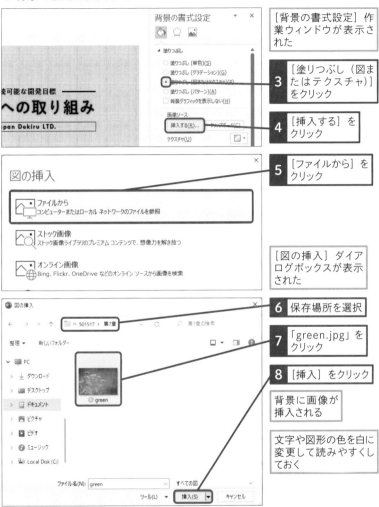

[背景の書式設定] 作業ウィンドウが表示された

3 [塗りつぶし（図またはテクスチャ）] をクリック

4 [挿入する] をクリック

5 [ファイルから] をクリック

[図の挿入] ダイアログボックスが表示された

6 保存場所を選択

7 「green.jpg」をクリック

8 [挿入] をクリック

背景に画像が挿入される

文字や図形の色を白に変更して読みやすくしておく

🔆 使いこなしのヒント

スライドの背景に水玉や格子の模様を設定できる

操作3で、[塗りつぶし（パターン）] を選ぶと、水玉や格子などのパターンからスライドの背景にする模様を選択できます。

その際、[前景] と [背景] の2色の色を指定することもできます。

38 グラデーションで表紙を印象的に仕上げる

動画で見る

| グラデーション | 練習用ファイル | L038_グラデーション.pptx |

表紙のスライドの背景に、左から右へ色が薄くなるグラデーションを設定します。スライド全体を1色で塗りつぶすよりも、2色のグラデーションを用いることで、立体感や奥行きを表現することができます。

2色のグラデーションで映える表紙を作る

Before

After

グラデーション背景のほうがグッと印象的に見える

使いこなしのヒント

分岐点を追加するには

操作4の画面で、[グラデーションの分岐点]右側にある[グラデーションの分岐点を追加します]ボタンをクリックすると、分岐点を増やすことができます。分岐点の位置は次ページの使いこなしのヒントの操作で移動できます。

グラデーションの分岐点

分岐点を増やすと細かく色合いの変化を設定できる

1 スライドの背景をグラデーションにする

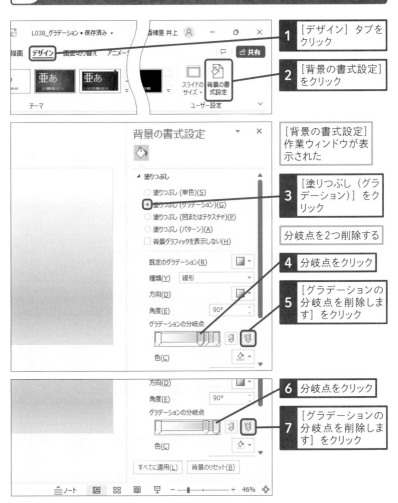

1 [デザイン] タブをクリック

2 [背景の書式設定] をクリック

[背景の書式設定] 作業ウィンドウが表示された

3 [塗りつぶし (グラデーション)] をクリック

分岐点を2つ削除する

4 分岐点をクリック

5 [グラデーションの分岐点を削除します] をクリック

6 分岐点をクリック

7 [グラデーションの分岐点を削除します] をクリック

次のページに続く ➡

💡 使いこなしのヒント

分岐点の位置は移動できる

操作3でグラデーションを選ぶと、[グラデーションの分岐点] が4つ表示されます。分岐点とは、グラデーションの色が変化する位置のことです。分岐点のつまみを左右にドラッグして移動すると、連動してグラデーションが変化します。

2 分岐点の色を変更する

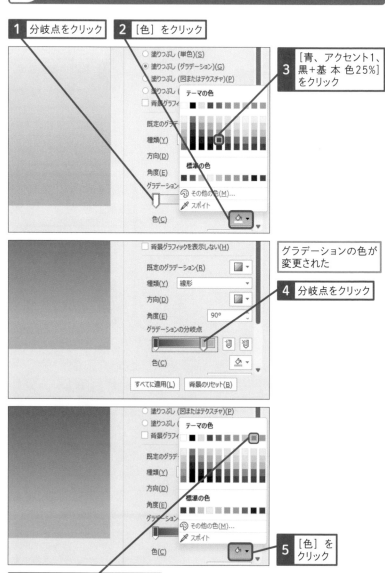

1 分岐点をクリック

2 [色] をクリック

3 [青、アクセント1、黒+基本色25%] をクリック

○ 塗りつぶし (単色)(S)
● 塗りつぶし (グラデーション)(G)
○ 塗りつぶし (図またはテクスチャ)(P)
□ 背景グラフィ

既定のグラデ
種類(Y)
方向(D)
角度(E)
グラデーション
色(C)

テーマの色

標準の色

その他の色(M)...
スポイト

グラデーションの色が変更された

□ 背景グラフィックを表示しない(H)

既定のグラデーション(R)
種類(Y)　線形
方向(D)
角度(E)　90°
グラデーションの分岐点

色(C)

すべてに適用(L)　背景のリセット(B)

4 分岐点をクリック

○ 塗りつぶし (図またはテクスチャ)(P)
○ 塗りつぶし (
□ 背景グラフィ

既定のグラデ
種類(Y)
方向(D)
角度(E)
グラデーション
色(C)

テーマの色

標準の色

その他の色(M)...
スポイト

5 [色] をクリック

6 [青、アクセント5] をクリック

3 グラデーションの種類と方向を変更する

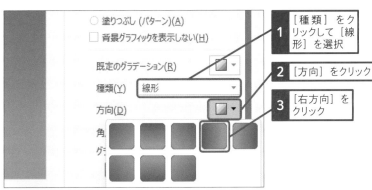

○ 塗りつぶし (パターン)(A)
□ 背景グラフィックを表示しない(H)

既定のグラデーション(R)

種類(Y) 線形

方向(D)

角

グ

1 [種類] をクリックして [線形] を選択

2 [方向] をクリック

3 [右方向] をクリック

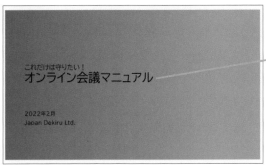

これだけは守りたい！
オンライン会議マニュアル

2022年2月
Japan Dekiru Ltd.

> グラデーションの種類と方向が変更した

> レッスン17を参考に、文字を白に変更しておく

🔅 使いこなしのヒント

図形や文字にもグラデーションを設定できる

[図形の書式] タブにある [図形の塗りつぶし] や [文字の塗りつぶし] ボタンから [グラデーション] を選ぶと、図形や文字にもグラデーションを設定できます。

> 図形をグラデーションで塗りつぶせる

Gradation

> 太めのフォントを選ぶと色の変化が分かりやすい

Open up the future

表の罫線を少なくして すっきり見せる

動画で見る

表スタイル　　　　練習用ファイル　L039_表スタイル.pptx

表を作成すると、自動的に縦横の罫線が引かれて色が付きます。[表のスタイル]の機能を使って不要な色や罫線を削除し、表の中で注目すべきポイントが目立つようにします。ここでは、表の最終行の合計金額を目立たせます。

デフォルトの表をカスタマイズする

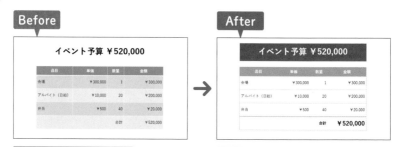

Before

イベント予算 ¥520,000

どの数値に注目すべきか分かりにくい

After

イベント予算 ¥520,000

見た目がすっきりし、注目すべきポイントも分かりやすい

1 表スタイルのオプションで書式を変更する

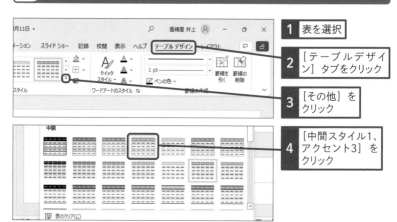

	操作
1	表を選択
2	[テーブルデザイン]タブをクリック
3	[その他]をクリック
4	[中間スタイル1、アクセント3]をクリック

● 表の模様を変更する

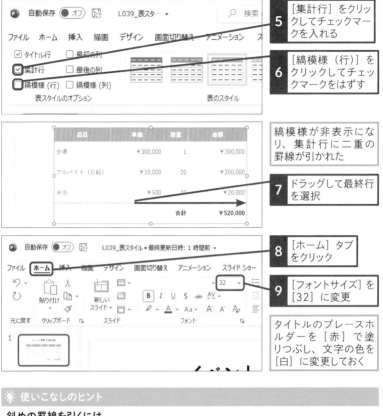

5 [集計行]をクリックしてチェックマークを入れる

6 [縞模様（行）]をクリックしてチェックマークをはずす

縞模様が非表示になり、集計行に二重の罫線が引かれた

7 ドラッグして最終行を選択

8 [ホーム]タブをクリック

9 [フォントサイズ]を[32]に変更

タイトルのプレースホルダーを[赤]で塗りつぶし、文字の色を[白]に変更しておく

斜めの罫線を引くには

表のセルに斜線を引くには、目的のセルをクリックし、[テーブルデザイン]タブの[罫線]から[斜め罫線（右上がり）]や[斜め罫線（右下がり）]を選びます。

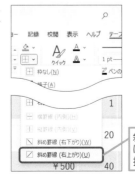

斜めの罫線はここで選択できる

40 スライド全体がすっきり見える ドーナツ型の円グラフ

ドーナツグラフ　　　　　　　　　**練習用ファイル**　L040_ドーナツグラフ.pptx

円グラフをドーナツグラフに変更し、社員の人数をグラフ内に表示します。[データラベル]の機能を使うと、ドーナツグラフに表示する表のデータを指定したり、数値に単位を付けて「○○人」の形式で表示したりできます。

余白を効果的に使った円グラフ

中央の空洞を活用すると情報が
分かりやすくまとまる

1 グラフの種類を変更する

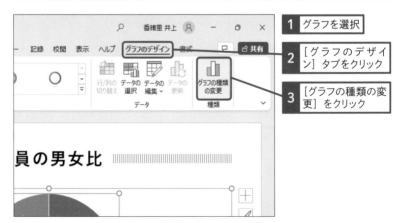

1 グラフを選択

2 [グラフのデザイン]タブをクリック

3 [グラフの種類の変更]をクリック

● ドーナツグラフに変更する

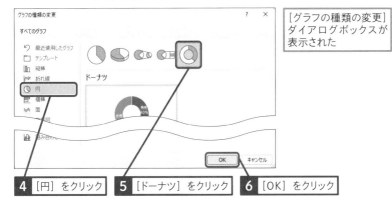

[グラフの種類の変更]ダイアログボックスが表示された

4 [円] をクリック

5 [ドーナツ] をクリック

6 [OK] をクリック

2 データラベルの書式を変更する

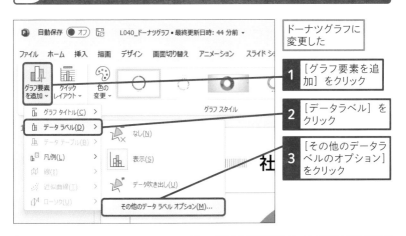

ドーナツグラフに変更した

1 [グラフ要素を追加] をクリック

2 [データラベル] をクリック

3 [その他のデータラベルのオプション] をクリック

使いこなしのヒント

グラフと画像を組み合わせる

右のグラフのように、ドーナツグラフの両側に、グラフの内容をイメージできる画像を入れると、グラフの分かりやすさがアップします。画像の挿入方法はレッスン27で解説しています。

次のページに続く➡

● [ラベルの内容] の [値] のみにチェックマークを付ける

[データラベルの書式設定] 作業ウィンドウが表示された

4 [値] をクリックしてチェックマークを付ける

5 [分類名] をクリックしてチェックマークをはずす

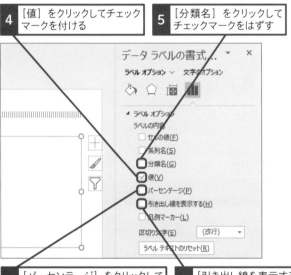

データ ラベルの書式...

ラベル オプション ∨ 文字のオプション

▲ ラベル オプション
ラベルの内容
☐ セルの値(F)
☐ 系列名(S)
☐ 分類名(G)
☑ 値(V)
☐ パーセンテージ(P)
☐ 引き出し線を表示する(H)
☐ 凡例マーカー(L)
区切り文字(E) (改行) ▼
ラベル テキストのリセット(R)

6 [パーセンテージ] をクリックしてチェックマークをはずす

7 [引き出し線を表示する] をクリックしてチェックマークをはずす

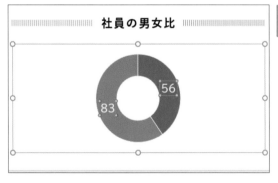

社員の男女比

56
83

グラフに男女の人数のみが表示された

使いこなしのヒント

「表示形式コード」の使い方

表示形式とは数値の見せ方のことです。ここでは数値に「人」の文字を追加したいので、[表示形式コード] 欄の「G/標準」の後ろに「人」を入力しています。データラベルに合わせて「円」や「個」などの単位を入力するといいでしょう。

130 **できる**

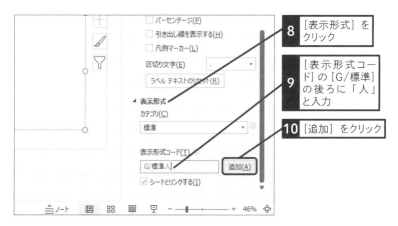

8 [表示形式] をクリック

9 [表示形式コード] の [G/標準] の後ろに「人」と入力

10 [追加] をクリック

●「人」の文字がグラフに表示された

グラフの数値に単位が追加された

11 [閉じる] をクリック

グラフから文字がはみ出ているため、レッスン16を参考に、フォントサイズを「20」に変更する

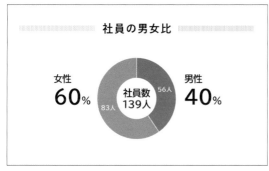

レッスン11を参考にテキストボックスを挿入し、男女の比率や社員の総数を入力しておく

棒グラフを太くして どっしり見せる

動画で見る

要素の間隔　　　　　　　　　　**練習用ファイル**　L041_要素の間隔.pptx

棒グラフの棒の太さを変更して安定感を演出します。[データ系列の書式設定]作業ウィンドウにある[要素の間隔]を小さくすると、棒グラフ同士の横の間隔が狭まって、その結果、棒の太さが太くなります。

棒グラフの棒を太くする

Before

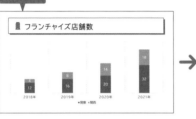

After

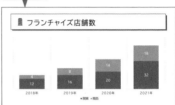

> 要素同士の間隔が狭くなり、安定した印象になる

💡 使いこなしのヒント

系列同士の重なりも調整できる

集合縦棒グラフでは、系列（下図の「関東」と「関西」）の間隔を調整することもできます。[データ系列の書式設定]画面にある[系列の重なり]をマイナスの値にすると、系列の間隔が広がります。反対にプラスの値にすると、系列同士が重なって表示されます。

● [系列の重なり] をマイナスにしたとき

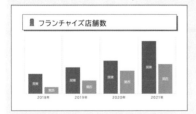

● [系列の重なり] をプラスにしたとき

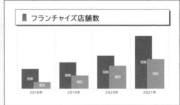

1 要素の間隔を変更する

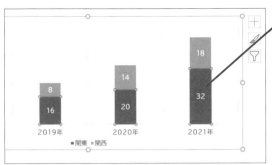

> **1** グラフのいずれかの棒をクリック

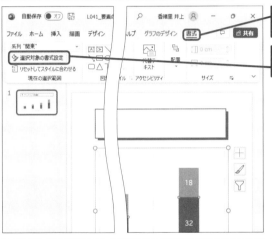

> **2** 「書式」タブをクリック

> **3** 「選択対象の書式設定」をクリック

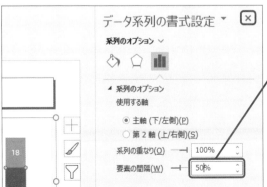

> [データ系列の書式設定] 作業ウィンドウが表示された

> **4** [要素の間隔]に「50」と入力

> **5** [閉じる]をクリック

> 棒グラフ同士の間隔が狭くなる

レッスン 42 無彩色を利用して目的のデータを目立たせる

棒グラフの棒の色は、[図形の塗りつぶし]の機能を使って、後から1本ずつ変更できます。グラフの脇役の棒の色を無彩色のグレーに変更すると、注目して欲しい主役の棒が引き立ちます。

活用編 第7章 より印象に残る文字やデータの魅せ方

全体をグレースケールにし特定の系列を強調する

Before

After

強調したい系列だけほかの色にすると目を引く

使いこなしのヒント

グラフの外側にデータラベルを表示する

グラフの基になる表のデータは、[データラベル]として追加できます。以下の操作でデータラベルの位置を[外側]に設定すると、それぞれの横棒の右側に表示されます。

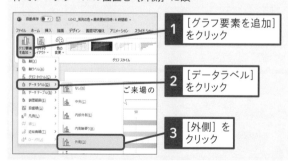

1 [グラフ要素を追加]をクリック

2 [データラベル]をクリック

3 [外側]をクリック

1 棒グラフをグラデーションにする

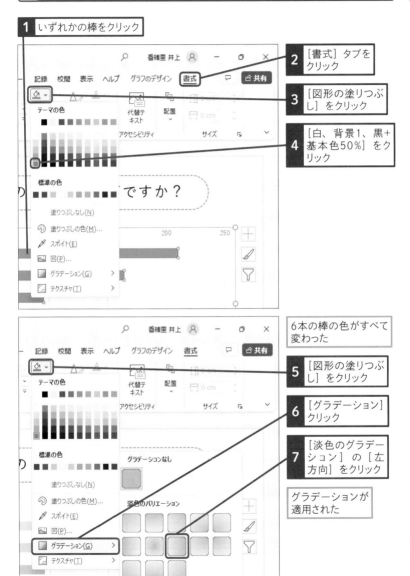

1 いずれかの棒をクリック

2 [書式] タブをクリック

3 [図形の塗りつぶし] をクリック

4 [白、背景1、黒+基本色50%] をクリック

6本の棒の色がすべて変わった

5 [図形の塗りつぶし] をクリック

6 [グラデーション] クリック

7 [淡色のグラデーション] の [左方向] をクリック

グラデーションが適用された

次のページに続く ➡

2 目立たせたい棒だけ色を変える

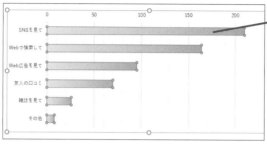

1 一番上の横棒を
ゆっくり2回クリック

一番上の系列のみが
選択された

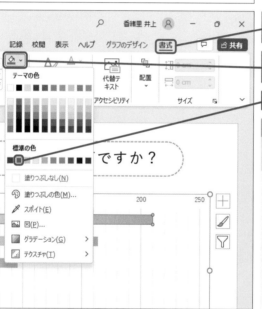

2 [書式] タブを
クリック

3 [図形の塗りつぶし] をクリック

4 [赤] をクリック

🔅 使いこなしのヒント

**グラフの色を
工夫しよう**

無彩色とは、黒、白、灰色などの色のことです。グラフの脇役に無彩色を付けると、有彩色を引き立てて目立たせる効果があります。グラフの主役には、有彩色の中でも赤やオレンジなどの暖色系の色を使うと力強さをアピールできます。

一番上の横棒の色が
変わった

使いこなしのヒント

グラデーションの向きに要注意!

横棒グラフにグラデーションを付けるときは、[左方向] が最適です。[左方向] を設定すると、横棒グラフの左から右に向かって色が濃くなります。[右方向] では、棒の右端が薄い色になるため、数値の大きさが不鮮明になるので注意しましょう。

グラデーションの向きを [右方向] にするとに右端の色が薄くなり、グラフが読み取りにくくなる

● 一番上の横棒にグラデーションを適用する

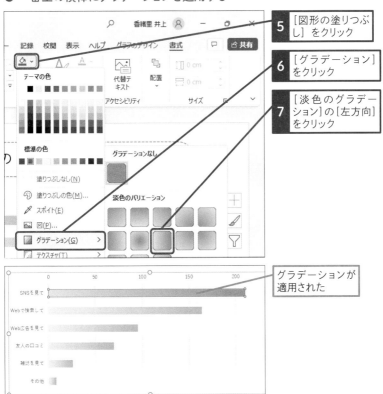

5 [図形の塗りつぶし] をクリック

6 [グラデーション] をクリック

7 [淡色のグラデーション]の[左方向]をクリック

グラデーションが適用された

折れ線グラフのマーカーの色や大きさを改良する

動画で見る

線とマーカー

練習用ファイル L043_マーカー.pptx

折れ線グラフを作成した直後は、線が細くて弱々しい印象です。［塗りつぶしと線］の機能を使って線を太くすると、視認性が高まります。また、線と線をつなぐマーカーの記号が目立つように色やサイズを変更します。

折れ線グラフの視認性を高める

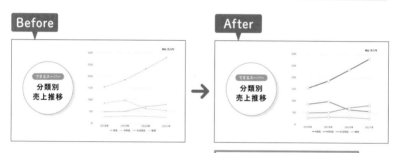

> 線の太さやマーカーのサイズが変えると視認性が高くなる

1 折れ線グラフの線の太さを変更する

1 一番上の青い折れ線をクリック

2 ［書式］タブをクリック

3 ［選択対象の書式設定］をクリック

用語解説

マーカー

マーカーとは、折れ線グラフの線と線の間にある「●」などの記号のことです。マーカーは後から種類や色、サイズを変更できます。

● 太さを数値で指定する

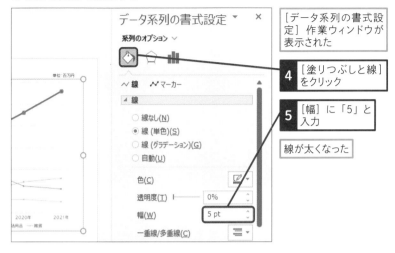

[データ系列の書式設定]作業ウィンドウが表示された

4 [塗りつぶしと線]をクリック

5 [幅]に「5」と入力

線が太くなった

2 マーカーのサイズや形を変更する

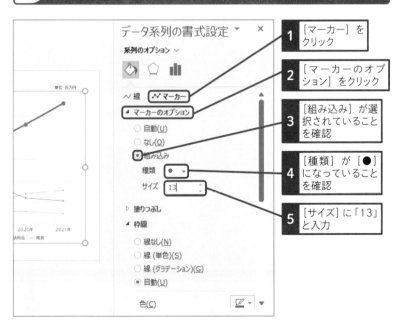

1 [マーカー]をクリック

2 [マーカーのオプション]をクリック

3 [組み込み]が選択されていることを確認

4 [種類]が［●］になっていることを確認

5 [サイズ]に「13」と入力

次のページに続く→

3 マーカーの色を変更する

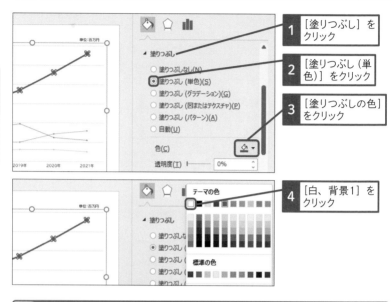

1 [塗りつぶし] を クリック

2 [塗りつぶし (単色)] をクリック

3 [塗りつぶしの色] をクリック

4 [白、背景1] を クリック

4 マーカーの輪郭の色や太さを変更する

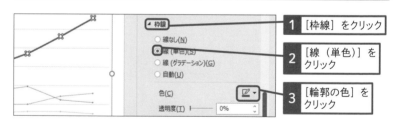

1 [枠線] をクリック

2 [線 (単色)] を クリック

3 [輪郭の色] を クリック

🔆 使いこなしのヒント

特定のマーカーのみサイズや形を変更するには

マーカーをゆっくり2回クリックすると、特定のマーカーだけを選択できます。この状態でサイズや形を変更すると、特定のマーカーだけに変更を加えることができます。

ゆっくり2回クリックすると1つのマーカーを選択できる

● 輪郭の色を選択する

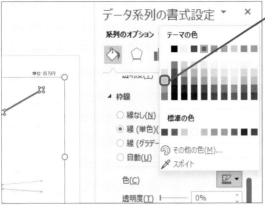

データ系列の書式設定 ▼ ✕

系列のオプション

テーマの色

▲ 枠線

○ 線なし(N)　　標準の色
⦿ 線 (単色)(
○ 線 (グラデー　🎨 その他の色(M)…
○ 自動(U)　　　🖉 スポイト

色(C)

透明度(T) |——— 0%

4 [白、背景1、黒+基本色25%] をクリック

☀ 使いこなしのヒント

マーカーを削除するには

折れ線グラフのマーカーを削除するには、手順2の [マーカーのオプション] で [なし] をクリックします。

色(C)

透明度(T) |——— 0%

幅(W)　　　2.5 pt

一重線/多重線(C)

実線/点線(D)

線の先端(A)　フラット

5 [幅] に「2.5」と入力

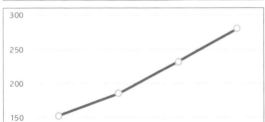

マーカーの色や大きさが変わった

ほかの4本の折れ線にも手順1〜手順3と同じ設定を行う

☀ 使いこなしのヒント

マーカーにイラストを使う

マーカーにイラストやアイコンを表示するには、手順2の操作4で [種類] の一覧から一番下の [図] をクリックします。[図の挿入] ダイアログボックスが表示されたら、マーカーに使用したいイラストを選びます。

マーカーにアイコンを使うこともできる

チームのランキング推移

スキルアップ

系列の選択方法をマスターしよう

棒の色を変更するときは、目的の棒を正しく選択することが大切です。いずれかの棒をクリックすると、すべての棒（系列）が選択されます。棒をゆっくり2回クリックすると、特定の棒だけを選択できます。

1回クリックするとデータ系列全体が選択される

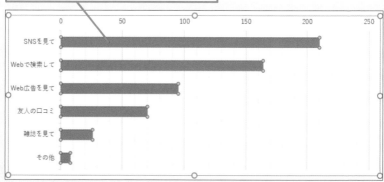

ゆっくり2回クリックするとデータ系列の1つが選択される

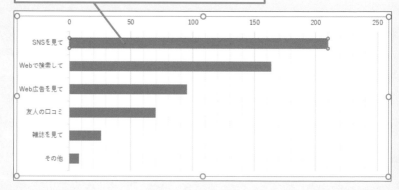

活用編

第8章

やりがちな非効率作業を解消する便利ワザ

この章では、つまずきがちな操作を効率よく行うテクニックを紹介します。スライドマスターでスライドの書式を修正する方法や図形の選択・配置を素早く行う方法を覚えておくと作業効率がアップします。

最初に表示される図形の色を変更する

図形の色の既定値　　　　　　　　　**練習用ファイル**　L044_図形の色の既定値.pptx

図形を描画すると、最初はPowerPointが自動的に色を付けます。毎回使う色が決まっているときは、図形の色の既定値を設定しましょう。すると、常に指定した塗りつぶしの色や枠線の色で描画できます。

1 既定の図形の書式を変更する

初期状態では青色の図形が挿入される

💡 使いこなしのヒント

作業中のファイルだけ有効になる

このレッスンの操作で図形の色の既定値を変更すると、作業中のファイルであれば、常に指定した色の図形を描画できます。ただし、ほかのファイルでは利用できません。

図形を挿入し書式を変更しておく

1 図形を右クリック

2 [既定の図形に設定] をクリック

図形を挿入すると以降は登録した書式で表示される

● 登録された図形の書式を確認する

3 [挿入] タブをクリック

4 [図形] をクリック

5 [四角形：角を丸くする] をクリック

6 ドラッグして図形を挿入

7 文字を入力

登録した書式が適用された状態で挿入された

[書式のコピー /貼り付け] 機能と使い分けよう

図形の数が少ないときは、[ホーム] タブにある [書式のコピー /貼り付け] の機能を使うほうが早いでしょう。コピー元の図形を選択し、[書式のコピー /貼り付け] ボタンをクリックします。マウスポインターにはけの記号が付いたら、コピー先を指定します。

配置　　　　　　　　　　　　　　　練習用ファイル　L045_配置.pptx

図形同士の端や間隔が揃っているときちんとした印象を与えます。ここでは、[オブジェクトの配置] の機能を使って、スライド上の4つの図形の上端を揃えます。また、図形同士の横方向の間隔を均等に揃えます。

1　図形をきれいに配置する

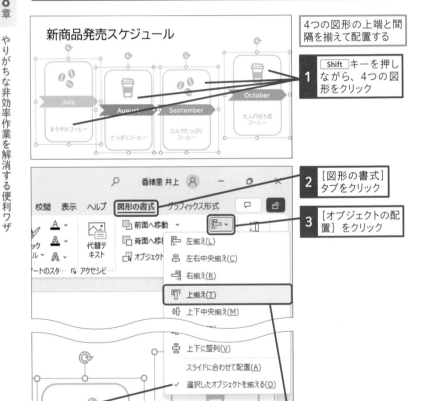

4つの図形の上端と間隔を揃えて配置する

1　[Shift] キーを押しながら、4つの図形をクリック

2　[図形の書式] タブをクリック

3　[オブジェクトの配置] をクリック

5　[上揃え] をクリック

4　[選択したオブジェクトを揃える] にチェックマークが付いていることを確認

146　**できる**

● 右端の図形を基準に上の位置が揃った

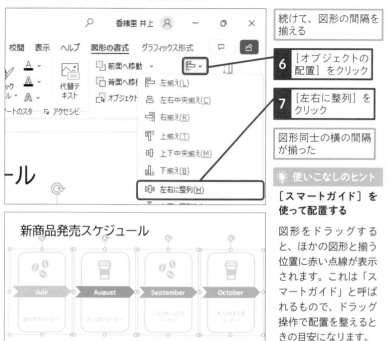

続けて、図形の間隔を揃える

6 [オブジェクトの配置] をクリック

7 [左右に整列] をクリック

図形同士の横の間隔が揃った

💡 使いこなしのヒント

[スマートガイド] を使って配置する

図形をドラッグすると、ほかの図形と揃う位置に赤い点線が表示されます。これは「スマートガイド」と呼ばれるもので、ドラッグ操作で配置を整えるときの目安になります。

💡 使いこなしのヒント

スライドにガイドを表示するには

図形を描画するときの目安の線に「グリッド線」と「ガイド」があります。グリッド線はスライドに方眼紙のようなマス目を表示します。ガイドはスライドの縦横中央に1本ずつガイド線が表示されます。図形を描く位置にガイド線を追加したり移動したりして使います。

1 [表示] タブをクリック

2 [ガイド] をクリックしてチェックマークを付ける

ガイドにマウスポインターを合わせ、Ctrlキーを押しながらドラッグするとガイドの線を追加できる

できる 147

すべてのスライドの書式を瞬時に変更する

動画で見る

スライドマスター | 練習用ファイル | L046_スライドマスター.pptx

すべてのスライドのタイトルの文字のフォントと色を変更します。1枚ずつ手作業で修正すると時間がかかりますが、[スライドマスター]の機能を使うと、すべてのスライドに共通する修正を効率よく行えます。

スライドマスターって何?

スライドマスターとは、スライドの設計図のようなものです。スライドマスターには[タイトルスライド]や[タイトルコンテンツ]など、それぞれのレイアウトごとにデザインや文字の書式などが登録されています。そのため、スライドマスターで変更した内容は自動的にそのレイアウトを適用しているすべてのスライドに反映されます。

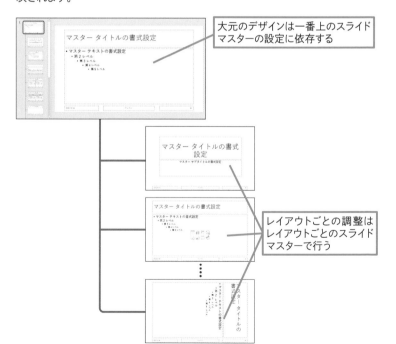

大元のデザインは一番上のスライドマスターの設定に依存する

レイアウトごとの調整はレイアウトごとのスライドマスターで行う

1 スライドマスターを表示する

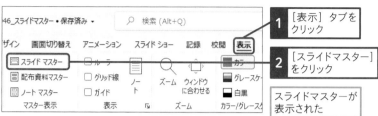

1 [表示] タブを
クリック

2 [スライドマスター]
をクリック

スライドマスターが
表示された

※ 使いこなしのヒント

**スライドマスターはレイ
アウトごとに用意され
ている**

スライドマスター画面
の左側には、レイア
ウトの一覧が表示さ
れています。これは、
PowerPointに 用 意 さ
れているレイアウトご
とにマスターがあると
いう意味です。

2 すべてのタイトルのフォントと色を変える

1 スクロールバーを
ドラッグ

2 一番上のマスター
をクリック

3 「マスタータイトル
の書式設定」の
枠をクリック

プレースホルダーが
選択された

次のページに続く ➡

● フォントとフォントの色を変更する

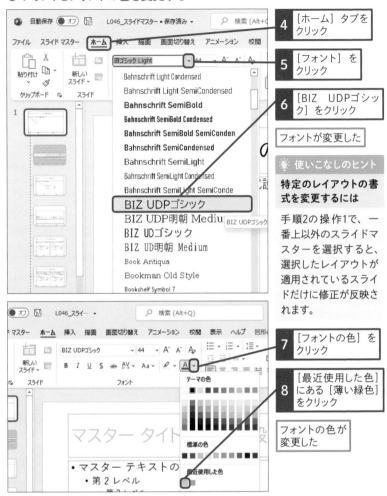

4 [ホーム] タブをクリック

5 [フォント] をクリック

6 [BIZ　UDPゴシック] をクリック

フォントが変更した

使いこなしのヒント

特定のレイアウトの書式を変更するには

手順2の操作1で、一番上以外のスライドマスターを選択すると、選択したレイアウトが適用されているスライドだけに修正が反映されます。

7 [フォントの色] をクリック

8 [最近使用した色]にある [薄い緑色] をクリック

フォントの色が変更した

使いこなしのヒント

図形や文字にもグラデーションを設定できる

手順2で、1枚目のスライドマスターを選択すると、[タイトルとコンテンツ] や [2つのコンテンツ] [タイトルのみ] など、タイトル用のプレースホルダーがあるレイアウトの書式をまとめて変更できます。後から追加したスライドにも自動的に同じ書式が適用されます。

● スライドマスターが閉じる

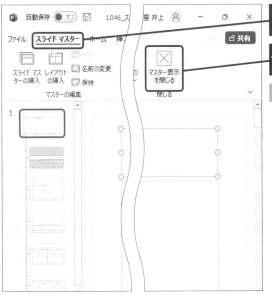

9 [スライドマスター]タブをクリック

10 [マスター表示を閉じる]をクリック

⚠ ここに注意

手順2で目的とは違う書式を設定すると、すべてのスライドに反映されてしまいます。慎重に操作しましょう。

すべてのスライドのタイトルのフォントと色が変わった

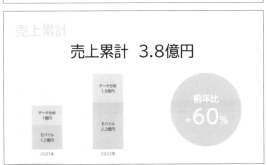

Webページの必要な範囲を
簡単に貼り付ける

スクリーンショット　　　　　　　練習用ファイル　L047_スクリーンショット.pptx

Webページで検索した地図の画面をスライドに挿入します。[スクリーンショット]の機能を使うと、Webページの情報や他のアプリの画面を簡単にスライドに挿入できます。地図の検索には「Googleマップ」を使います。

1 開いている画面の一部をスライドに追加する

ここでは地図をスライドに挿入する

Webブラウザーを起動し、Googleマップで目的地を表示しておく

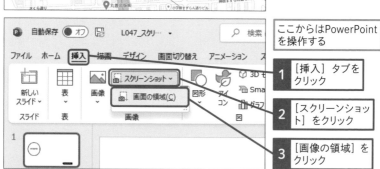

ここからはPowerPointを操作する

1 [挿入] タブをクリック

2 [スクリーンショット] をクリック

3 [画像の領域] をクリック

🔆 使いこなしのヒント

Googleマップって何?

Googleマップは、グーグル社が提供する地図情報サービスのことです。キーワードで目的地を検索・表示したり、目的地までの経路を調べたりすることができます。インターネットに接続した状態で利用します。

● Googleマップの画面に切り替わった

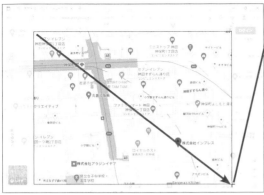

4 スライドに貼り付けたい範囲をドラッグ

スライドにGoogleマップの画面が挿入された

サイズを調整して、スライドの右側に配置しておく

本社案内図

Google Mapで表示

2 図形にハイパーリンクを設定する

ここではWebブラウザーで表示中のGoogleマップのURLを挿入する

1 アドレスバーをクリック

2 Ctrl + C キーを押す

次のページに続く→

● ハイパーリンクを設定する図形を選択する

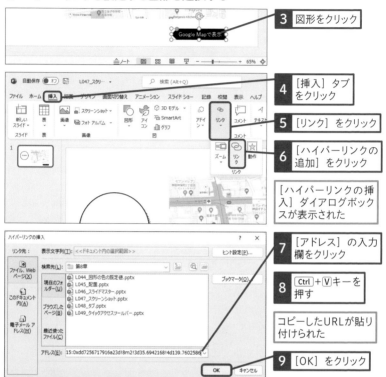

3 図形をクリック

4 [挿入] タブをクリック

5 [リンク] をクリック

6 [ハイパーリンクの追加] をクリック

[ハイパーリンクの挿入] ダイアログボックスが表示された

7 [アドレス] の入力欄をクリック

8 Ctrl + V キーを押す

コピーしたURLが貼り付けられた

9 [OK] をクリック

🔅 使いこなしのヒント

別のファイルをハイパーリンクで表示できる

右の操作を行うと、ハイパーリンクをクリックしたときに、パソコンに保存されているほかのファイルを開く仕組みを作ることができます。ほかのファイルには、PowerPoint以外のファイルを指定することも可能です。

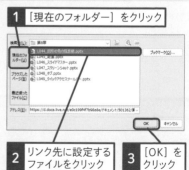

1 [現在のフォルダー] をクリック

2 リンク先に設定するファイルをクリック

3 [OK] をクリック

● 図形にハイパーリンクが設定された

Ctrlキーを押しながらクリックすると、リンク先のWebページが表示される

スライドショー実行中は、クリックするとリンク先のWebページが表示される

◆ 使いこなしのヒント

設定したハイパーリンクを解除する

ハイパーリンクを解除するには、以下の操作を行います。ハイパーリンクを設定した文字や図形を右クリックして表示されるメニューから[リンクの削除]をクリックする方法もあります。

1 図形をクリック

手順1を参考に、[ハイパーリンクの挿入]ダイアログボックスを表示しておく

2 [リンクの解除]をクリック

ダイアログボックスが閉じ、図形に設定していたハイパーリンクが解除される

スペースキーを使わずに
文字の先頭位置を揃える

動画で見る

タブ

練習用ファイル L048_タブ.pptx

箇条書きの文字の先頭位置を揃えるには、タブの種類と位置を指定してから Tab キーを押します。ここでは、箇条書きのそれぞれの行の途中にある4つの文字の先頭が左に揃うように設定します。

1 ルーラーを表示する

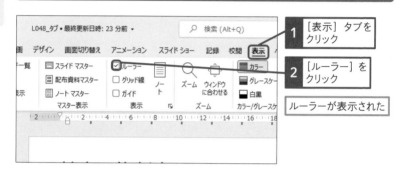

1 [表示] タブをクリック

2 [ルーラー] をクリック

ルーラーが表示された

2 文字の先頭を特定の位置で揃える

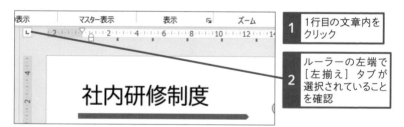

1 1行目の文章内をクリック

2 ルーラーの左端で [左揃え] タブが選択されていることを確認

🔍 用語解説

タブ

PowerPointには「左揃え」「中央揃え」「右揃え」「小数点揃え」の4種類のタブがあり、現在設定できるタブがルーラーの左端に表示されます。タブをクリックすると順番に種類が変わります。

● 箇条書きを選択する

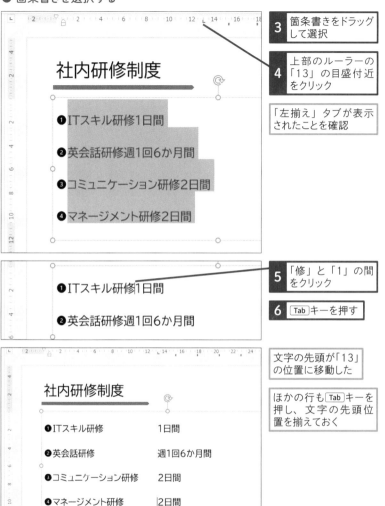

3 箇条書きをドラッグして選択

4 上部のルーラーの「13」の目盛付近をクリック

「左揃え」タブが表示されたことを確認

5 「修」と「1」の間をクリック

6 Tab キーを押す

文字の先頭が「13」の位置に移動した

ほかの行も Tab キーを押し、 文字の先頭位置を揃えておく

使いこなしのヒント

後からタブの位置を変更するには

操作4で設定したタブの位置は、ルーラーに表示されたタブの記号（L）を左右にドラッグして調整できます。また、タブの記号をルーラーの左右にある灰色の部分にドラッグすると削除できます。

よく使う機能を登録して素早く実行する

動画で見る

クイックアクセスツールバー　　　　　**練習用ファイル** L049_クイックアクセスツールバー.pptx

クイックアクセスツールバーを表示すると、後から機能を登録できます。頻繁に使う機能を登録すると、タブを切り替えなくても機能を実行できるので便利です。ここでは、[ホーム] タブにある[元に戻す] ボタンをクイックアクセスツールバーに登録します。

1 クイックアクセスツールバーを表示する

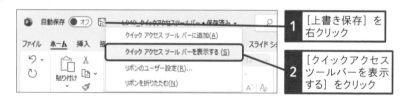

1 [上書き保存] を右クリック

2 [クイックアクセスツールバーを表示する] をクリック

2 よく使う機能を登録する

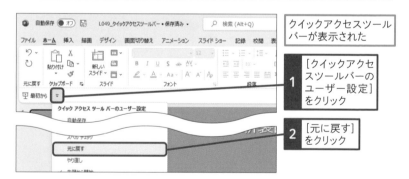

クイックアクセスツールバーが表示された

1 [クイックアクセスツールバーのユーザー設定] をクリック

2 [元に戻す] をクリック

使いこなしのヒント

登録したボタンを削除するには

クイックアクセスツールバーに登録したボタンは、削除したいボタンを右クリックし、[クイックアクセスツールバーから 削除] を選んで削除できます。機能そのものを削除したわけではないので、いつでも登録し直すことができます。

● クイックアクセスツールバーにボタンが追加された

クイックアクセスツールバーから[元に戻す]が実行できるようになった

3 クイックアクセスツールバーの位置を変更する

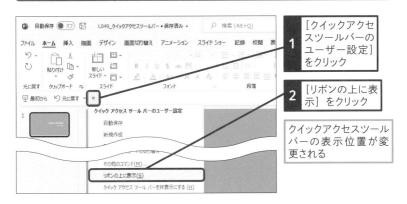

1 [クイックアクセスツールバーのユーザー設定]をクリック

2 [リボンの上に表示]をクリック

クイックアクセスツールバーの表示位置が変更される

☀ 使いこなしのヒント

一覧に表示されない機能を登録するには

登録した機能が一覧に表示されていないときは、手順2で[その他のコマンド]を

選んでから以下の操作で追加します。

1 [その他のコマンド]をクリック

2 クイックアクセスツールバーに登録する機能をクリック

3 [追加]をクリック

4 [OK]をクリック

スキルアップ

すべてのスライドにロゴをまとめて入れる

すべてのスライドにロゴ画像を入れるには、以下の操作で一番上のスライドマスターにロゴ画像を挿入します。スライドマスターに挿入した画像やアイコン、図形はすべてのスライドの同じ位置に同じサイズで表示されます。

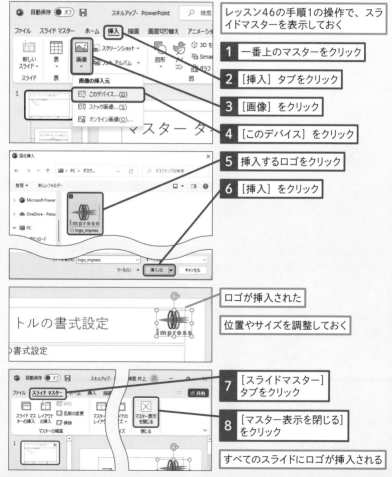

レッスン46の手順1の操作で、スライドマスターを表示しておく

1 一番上のマスターをクリック

2 [挿入] タブをクリック

3 [画像] をクリック

4 [このデバイス] をクリック

5 挿入するロゴをクリック

6 [挿入] をクリック

ロゴが挿入された

位置やサイズを調整しておく

7 [スライドマスター] タブをクリック

8 [マスター表示を閉じる] をクリック

すべてのスライドにロゴが挿入される

活用編

第 9 章

聞き手の注目を集める
スライドの演出

この章では、画面切り替えやアニメーションなどを設定
して、スライドショーでスライドをダイナミックに動かす操
作を紹介します。また、PowerPointの録画機能を使っ
て、スライドに動画を挿入するテクニックも解説します。

<レッスン>
レッスン
50 ダイナミックに動く目次を作る

ズーム　　　　　　　　　　練習用ファイル　L050_ズーム.pptx

目次スライドがあると、プレゼンテーションの冒頭に概要を説明する際に便利です。[ズーム]の機能を使うと、目次に必要なスライドを指定するだけで目次スライドを作成できます。表紙の後ろに目次スライドを作りましょう。

「スライドズーム」で各スライドへ自由に移動する

▶ Preview

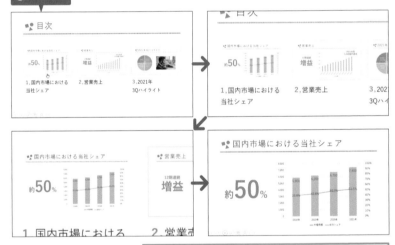

スライドショー実行中にスライドのサムネイルをクリックすると、ズームしながら目的のスライドが表示される

☀ 使いこなしのヒント

目的のスライドへシームレスに遷移しよう

[ズーム]機能を使って目次スライドを作成すると、目次スライドと目的のスライドをマウス操作だけでスマートに行き来できます。目次スライドにはジャンプ先のスライドへのリンクが貼られたサムネイルが表示されるので、文字だけの目次よりも内容を伝えやすいメリットがあります。

1 スライドへのリンクを作成する

2枚目の目次のスライドを表示しておく | 1 [挿入] タブをクリック

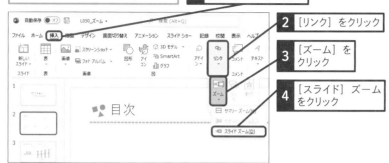

2 [リンク] をクリック

3 [ズーム] をクリック

4 [スライド] ズームをクリック

[スライドズームの挿入] ダイアログボックスが表示された

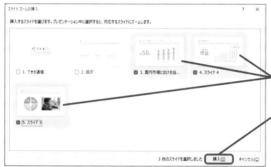

5 3枚目～5枚目のスライドをクリックして選択

6 [挿入] をクリック

用語解説

サムネイル

サムネイルとは、画像の縮小見本のことです。画像などを一覧表示する際に使われます。

選択したスライドのサムネイルが挿入された

使いこなしのヒント

自動的にセクションが挿入される

[ズーム] 機能を使うと、自動的に [セクション] が挿入されます。セクションとは、スライドをグループ分けしたもので、画面左側のスライド一覧に、[既定のセクション] や [目次] などのセクション名が表示されます。

次のページに続く →

● サムネイルの位置を移動する

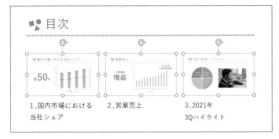

サムネイルをドラッグ
して移動し、以下の
ように配置しておく

---

2 スライドショー中に目的のスライドへ移動する

1 F5 キーを押す

スライドショーが
開始した

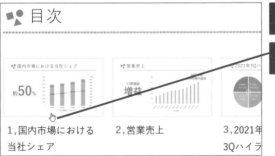

2 クリックして目次の
スライドを表示

3 スライドのサムネイ
ルをクリック

<!-- 左端縦書き -->
活用編 第9章 聞き手の注目を集めるスライドの演出

🔆 使いこなしのヒント

[ズーム] タブが表示される

[ズーム] 機能を使って挿入したサムネイ
ルをクリックすると、[ズーム] タブが表
示されます。[ズーム] 機能を使って挿入

したサムネイルは、[ズーム] タブにある
機能を使って、枠線の色やスタイルなど
を自由に編集できます。

● クリックしたスライドがズームされた

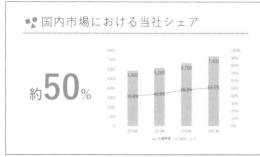

クリックしたスライドに
移動した

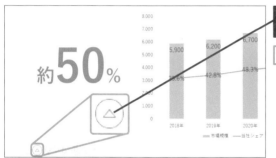

4 画面左下の [△]
をクリック

目次のスライドに戻る

サムネイルにスタイルを適用する

[ズーム] タブにある [ズームのスタイル] にはサムネイルの枠のパターンが用意さ れており、クリックするだけで枠を付けら れます。

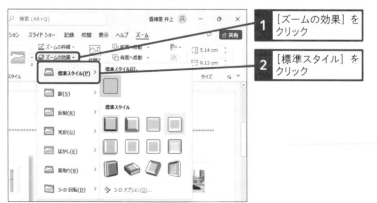

1 [ズームの効果] を
クリック

2 [標準スタイル] を
クリック

51 スライドをサイコロのように 切り替えてリズム感を出す

画面切り替え効果 | **練習用ファイル** | L051_画面切り替え効果.pptx

スライドショーでスライドが切り替わるときの［画面切り替え］の動きを設定します。ここでは、立体的な四角形が左方向に回転する［キューブ］の動きを、すべてのスライドに設定します。

スライドが切り替わるときに動きを付ける

▶ Preview | スライドショー実行中に画面を回転させながら次のスライドを表示する

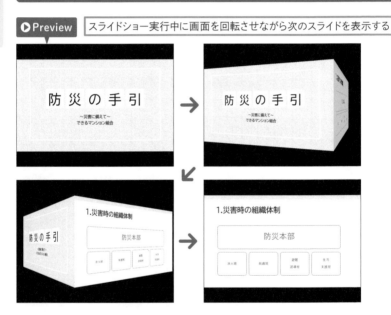

💡 使いこなしのヒント

動きを活用して発表にメリハリを付ける

スライドが切り替わるときに動きがあると、次の説明までの「間」を演出できます。［キューブ］や［カバー］［プッシュ］などの動きを［右から］に設定すると、ス ライドが左に順番にめくれるので、プレゼンテーションが進んでいくイメージを印象付けられます。

1 画面切り替え効果を設定する

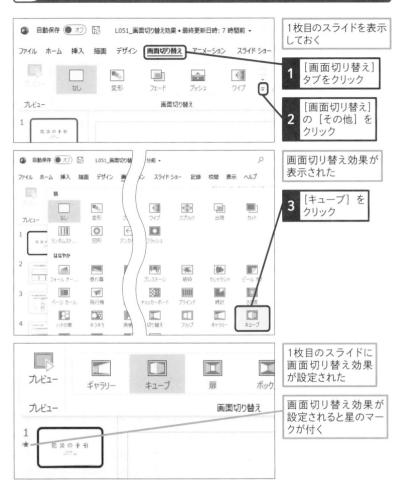

1枚目のスライドを表示しておく

1 [画面切り替え]タブをクリック

2 [画面切り替え]の[その他]をクリック

画面切り替え効果が表示された

3 [キューブ]をクリック

1枚目のスライドに画面切り替え効果が設定された

画面切り替え効果が設定されると星のマークが付く

☀ 使いこなしのヒント

画面切り替えの種類

画面切り替えには、水面に石を落としたような[さざ波]や、スライドが紙飛行機になって飛び立つような[飛行機]など、ダイナミックで華やかな動きがたくさん用意されています。手順3を参考に、[プレビュー]ボタンをクリックして、動きをよく確認して選びましょう。

次のページに続く ➡

画面切り替えを解除する

設定した画面切り替えを解除するには、
[画面切り替え]の一覧から[なし]を選
択します。

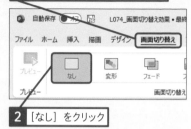

1 [画面切り替え]タブをクリック

2 [なし]をクリック

2 すべてのスライドに同じ効果を適用する

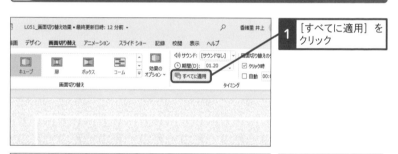

1 [すべてに適用]を
クリック

すべてのスライドに
[キューブ]の画面
切り替えが設定された

⚠ ここに注意

手順2で[すべてに適
用]ボタンをクリック
しないと、表示中のス
ライドだけに画面切り
替えが設定されるので
注意しましょう。

3 プレビューで動きを確認する

1 [プレビュー] を
クリック

用語解説

プレビュー

プレビューとは、画面
切り替えやアニメー
ションの動きを前もっ
て確認することです。
[プレビュー] ボタン
をクリックする以外に
も、画面左側のスライ
ド番号の下に表示され
た星のマークをクリッ
クしてプレビューする
こともできます。

適用した画面切り替
え効果がプレビュー
された

使いこなしのヒント

画面切り替えの速度を変更したい

[画面切り替え] タブの [期間] の数値を
変更すると、画面切り替えの速度を変更
できます。数値を大きくすると、次のス
ライドにゆっくり切り替わります。

[期間] に秒数を入力すると
切り替え速度が変わる

箇条書きを順番に表示して聞き手の注目を集める

動画で見る

| 開始のアニメーション | 練習用ファイル | L052_開始のアニメーション.pptx |

スライドショーでスライドをクリックするたびに、箇条書きの文字が1行ずつ順番に表示される［開始のアニメーション］を設定します。箇条書きに動きを付けるときは、文字が読みやすい動きを付けるようにしましょう。

活用編　第9章　聞き手の注目を集めるスライドの演出

説明に合わせて箇条書きを1行ずつ表示する

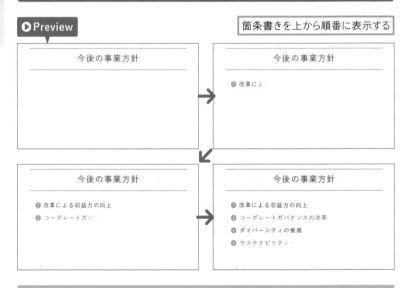

▶Preview

箇条書きを上から順番に表示する

今後の事業方針

今後の事業方針
❶ 改革によ

今後の事業方針
❶ 改革による収益力の向上
❷ コーポレートガバ

今後の事業方針
❶ 改革による収益力の向上
❷ コーポレートガバナンスの改革
❸ ダイバーシティの推進
❹ サステナビリティ

🔅 使いこなしのヒント

箇条書きにアニメーションを設定するメリット

箇条書きを最初からすべて見せてしまうと、聞き手が2行目や3行目以降の文字に気を取られて、説明に集中できないことがあります。説明している内容に注目してもらうには、説明に合わせて箇条書きを順番に表示するのが効果的です。

今後の事業戦略
✓ 2020年末までに中継地点を全国に50カ所設置
✓ 契約飲食店を増やす
✓ 配達要員の

箇条書きをひとつずつ表示させると注目を集めやすい

1 文字に動きを設定する

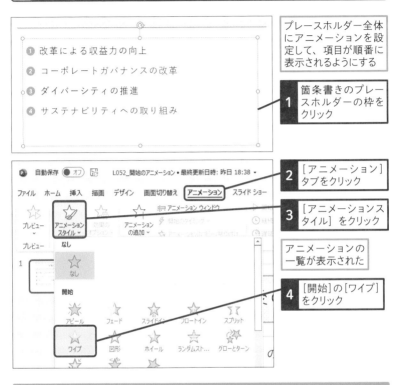

プレースホルダー全体にアニメーションを設定して、項目が順番に表示されるようにする

1 箇条書きのプレースホルダーの枠をクリック

- ❶ 改革による収益力の向上
- ❷ コーポレートガバナンスの改革
- ❸ ダイバーシティの推進
- ❹ サステナビリティへの取り組み

2 [アニメーション] タブをクリック

3 [アニメーションスタイル] をクリック

アニメーションの一覧が表示された

4 [開始]の[ワイプ]をクリック

💬 用語解説

アニメーション

PowerPointのアニメーションは、スライド上の文字や図形、画像などに動きを付ける機能のことです。アニメーションには「開始」「強調」「終了」「アニメーションの軌跡」の4種類あり、単独で使用したり組み合わせて使用したりすることができます。

💡 使いこなしのヒント

[開始] のアニメーションって何?

[開始]のアニメーションは文字や図形などがスライドに表示されるときの動きです。スライドにあるものを目立たせる動きが[強調]、スライドから消える動きが[終了]、A地点からB地点まで移動する動きが[アニメーションの軌跡]です。

次のページに続く →

● ワイプのアニメーションが設定された

アニメーションが動作する順番に番号が表示された

今後の事業方針

1 ❶ 改革による収益力の向上

2 ❷ コーポレートガバナンスの改革

3 ❸ ダイバーシティの推進

4 ❹ サステナビリティへの取り組み

活用編

第9章

聞き手の注目を集めるスライドの演出

※ 使いこなしのヒント

設定したアニメーションを削除する

設定したアニメーションを削除するには、スライドに表示されているアニメーショ ンの番号をクリックしてから Delete キーを押します。

1 ❶ 改革による収益力の向

2

1 アニメーションの番号をクリック

2 Delete キーを押す

※ 使いこなしのヒント

一覧にないアニメーションを表示するには

手順1の操作3で表示される一覧以外のアニメーションを設定するには、[その他の開始効果][その他の強調効果][その他の終了効果][その他のアニメーションの軌跡効果]をクリックして専用のダイアログボックスを開きます。

一覧にないアニメーションはここをクリックすると表示される

172 **できる**

2 文字の表示方向を設定する

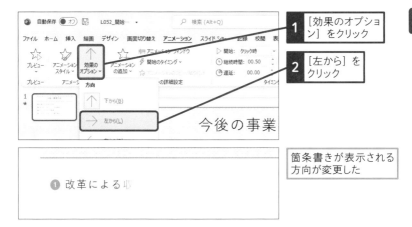

1 [効果のオプション] をクリック

2 [左から] を クリック

箇条書きが表示される 方向が変更した

使いこなしのヒント

グラフにアニメーションを設定する

グラフにアニメーションを付けるときは、グラフで伝えたい内容と同じ動きを選択します。例えば、円グラフに [ホイール] の動きを付けると、時計回りに少しずつグラフを表示できます。

● 円グラフに動きを付ける

1 円グラフを クリック

2 [アニメーション] タブをクリック

3 [アニメーションスタイル] をクリック

4 [開始] の [ホイール] をクリック

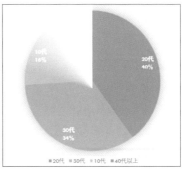

円グラフが時計回りで徐々に表示されるように設定できた

52

開始のアニメーション

ビデオの挿入／ビデオのトリミング　　**練習用ファイル**　L053_ビデオの挿入.pptx

デジタルカメラやスマートフォンなどで撮影した動画をパソコンに取り込んでおけば、簡単にスライドに挿入できます。動画が長すぎるときは、[ビデオのトリミング] 機能を使って不要な部分を削除して調整します。

1 動画を挿入する

ここでは本章の練習用ファイルが保存された [第9章] フォルダーの「cooking.mov」を挿入する

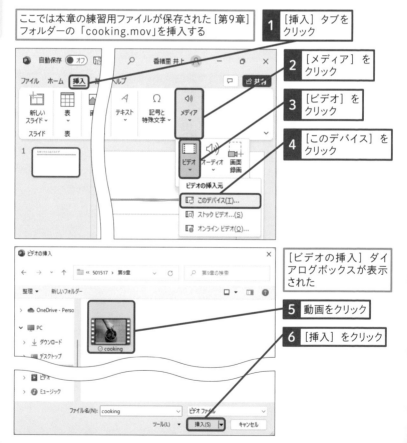

1 [挿入] タブをクリック

2 [メディア] をクリック

3 [ビデオ] をクリック

4 [このデバイス] をクリック

[ビデオの挿入] ダイアログボックスが表示された

5 動画をクリック

6 [挿入] をクリック

● 動画が挿入された

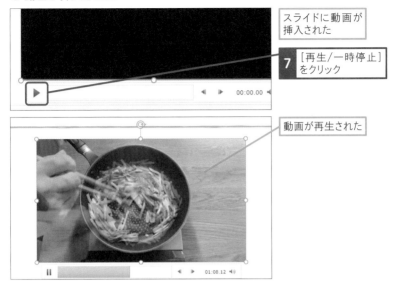

スライドに動画が
挿入された

7 [再生/一時停止]
をクリック

動画が再生された

2 動画をトリミングする

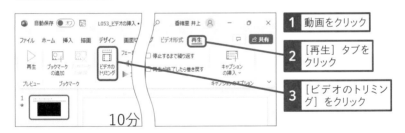

1 動画をクリック

2 [再生] タブを
クリック

3 [ビデオのトリミン
グ] をクリック

使いこなしのヒント

スライドショーの実行時に動画を全画面で表示するには

[再生] タブにある [全画面再生] のチェッ
クマークを付けると、スライドショーで
動画を再生するときに、動画が画面いっ
ぱいに大きく表示されます。

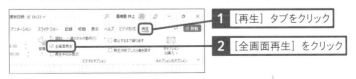

1 [再生] タブをクリック

2 [全画面再生] をクリック

次のページに続く →

できる 175

● 動画の再生範囲を変更する

[ビデオのトリミング]
ダイアログボックスが
表示された

緑のつまみから赤いつ
まみの範囲までが再生
される

4 緑のつまみを
ドラッグ

使いこなしのヒント

**秒数でトリミング位置
を指定できる**

[ビデオのトリミング]
ダイアログボックスに
ある[開始時間]と[終
了時間]に秒数を入力
して、トリミング位置
を指定することもでき
ます。

5 赤のつまみを
ドラッグ

176 **できる**

● トリミングした動画をプレビューする

6 [再生] をクリック

トリミングした動画が
再生された

7 [OK] をクリック

スライドに挿入した動
画の再生範囲が変更
される

使いこなしのヒント

動画の表紙画像を変更するには

スライドに動画を挿入すると1コマ目が表
示されます。以下の操作を行うと、一番
見せたいシーンを指定して、動画の表紙

にすることができます。表紙用の画像を
別途作成したときは、[ファイルから画像
を挿入] を選択します。

表紙画像に使用したい部分で
動画を止めておく

1 [表紙画像] をクリック

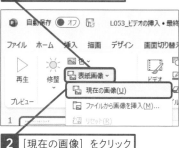

2 [現在の画像] をクリック

54 ナレーション付きの スライドショーを録画する

スライドショーの録画 | **練習用ファイル** | L054_スライドショーの録画.pptx

[スライドショーの録画] 機能を使って、発表者の顔とナレーション付きのスライドショーを録画します。パソコンにマイクとカメラが接続されていれば、いつも通りにスライドショーを進めるだけで、その様子を録画できます。

発表者不在でもプレゼンできる!

ナレーションを録音しておけば、発表者がいなくてもプレゼンが行える

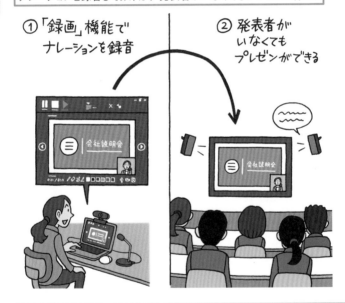

① 「録画」機能で ナレーションを録音

② 発表者が いなくても プレゼンができる

使いこなしのヒント

スライドショーをWebで公開できる

プレゼンテーションで使ったPowerPointのスライドにナレーションを付けてWebに公開するケースが増えてきました。[スライドショーの記録] 機能を使えば、ス ライドショーの画面とともに、音声や実行中の操作をそのまま録画できるため、発表者がいなくてもスライドショーを実行できます。

1 スライドショーの録画を開始する

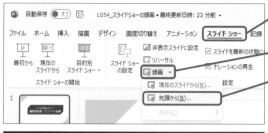

1 [スライドショー] タブをクリック

2 [録画] をクリック

3 [先頭から] を クリック

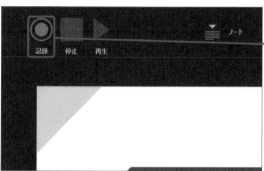

録画画面が表示された

4 [記録] をクリック

使いこなしのヒント

録画を始める前に チェックしよう！

スライドショーを録画 すると、カメラの映像 と音声も一緒に録画さ れます。録画する前に、 マイクとカメラの接続 を確認し、正しく動く かどうかをチェックし ましょう。

カウントダウンが表示 され、録画がスタート する

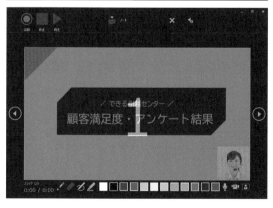

使いこなしのヒント

途中のスライドから録画するには

スライドショーの途中から録画をやり直 すときは、[スライドショー] タブの [ス ライドショーの記録] ボタンから [現在 のスライドから記録] をクリックします。

次のページに続く→

2 録画を終了する

1 マウスをクリック｜スライドが切り替わった

一時停止や停止、再生のボタン｜発表者用のノートを表示できる

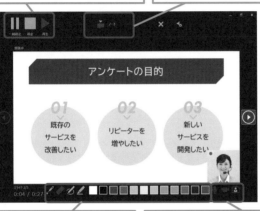

スライドに手書きするペン機能｜マイクとカメラのオンオフを切り替えられる

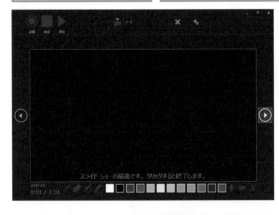

各スライドでナレーションを録音し、最後のスライドまで表示する

2 最後のスライドが表示された状態でクリック

☀️ 使いこなしのヒント

録画した内容を削除する

録画を終了した後で操作と音声をすべて削除するには、[スライドショー] タブの [録画] ボタンから [クリア] - [すべて　のスライドのナレーションをクリア] をクリックします。

● 録画が終了した

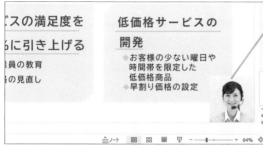

録画が終了すると、各スライドに撮影した映像が表示される

スライドショーを実行すると録画した音声と映像が再生され、自動的にスライドが切り替わる

使いこなしのヒント

録画を途中からやり直すには

録画中に操作や説明を間違えても最初からやり直す必要はありません。[停止] ボタンをクリックして録画を中断し、右上の [クリア] ボタンから [現在のスライドの録音をクリア] を選びます。次に [記録] ボタンをクリックすると、最初のときと同じカウントダウンが表示され、表示中のスライドから録画をやり直せます。

1 [クリア] をクリック

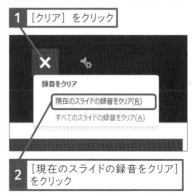

録音をクリア

現在のスライドの録音をクリア(R)

すべてのスライドの録音をクリア(A)

2 [現在のスライドの録音をクリア] をクリック

ほかのアプリの操作を録画して教材を作る

動画で見る

画面録画　　　　　　　　　　　　練習用ファイル　L055_画面録画.pptx

ほかのアプリの使い方を解説する動画を作りたいときにも、PowerPointが活躍します。[画面録画] 機能を使うと、パソコンで操作している様子をそのまま録画して、動画としてスライドに挿入できます。

パソコンの操作画面を簡単に録画できる

[画面録画] 機能を使って、操作を記録する

→

記録した操作が動画としてスライドに挿入される

1 画面録画を開始する

Excelを起動し、「XLOOKUP関数.xlsx」のファイルを開いておく

⚡ 使いこなしのヒント

録画する操作について

ここでは、画面録画の例としてExcelのXLOOKUP関数の操作を録画しています。Excel以外のアプリの操作も同じ操作で録画できます。

● Excelの画面を録画する

1 [挿入] タブを
クリック

2 [メディア] を
クリック

3 [画面録画] を
クリック

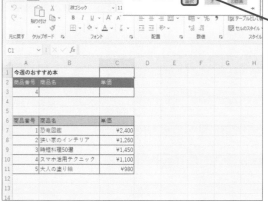

自動的にExcelに
切り替わった

4 [領域の選択] を
クリック

🔅 使いこなしのヒント

**[領域の選択] を
やり直すには**

操作5で正しく領域を
ドラッグできなかった
ときは、もう一度 [領
域の選択] ボタンをク
リックしてドラッグし
直します。

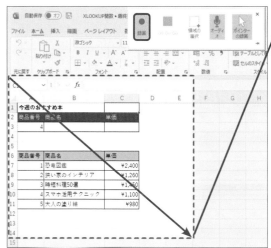

5 録画したい範囲を
ドラッグ

6 [録画] を
クリック

🔅 使いこなしのヒント

**操作の録画を
一時停止するには**

[一時停止] ボタンを
クリックすると、録画
を中断できます。続き
の録画を行うには [録
画] ボタンをクリック
します。

次
の
ペ
ー
ジ
に
続
く
➡

マウスポインターを非表示にするには

マウスポインターの動きが録画されないようにするには、[ポインターの録画] ボタンをクリックしてオフにします。

[ポインターの録画] ボタン

● カウントダウンが表示された

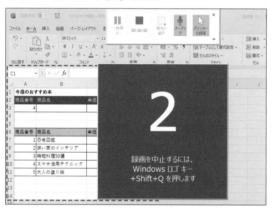

カウントダウンが終了した後に、「XLOOKUP関数.mp4」を参考にしてExcelの画面で操作を行う

⚠ ここに注意

録画中は録画用のバーが表示されません。マウスポインターを画面上部に移動すると、バーが表示されます。

2 画面録画を終了する

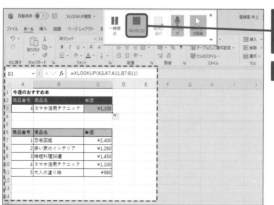

1　操作が終わったら、画面上部にマウスポインターを移動

2　[停止] をクリック

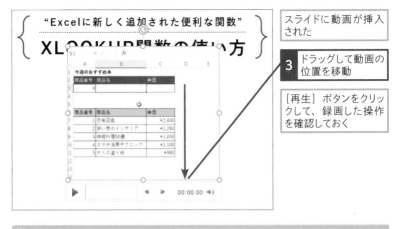

3 ドラッグして動画の位置を移動

[再生] ボタンをクリックして、録画した操作を確認しておく

音声も録音される

録画用のバーにある [オーディオ]ボタンがオンになっていると、音声も録音されます。事前にマイクの接続を確認しておきましょう。

動画ファイルとして保存できる

[画面録画] 機能を使ってスライドに挿入した動画は、以下の手順で単体の動画ファイルとして保存することもできます。

1 動画を右クリック

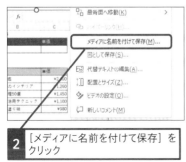

2 [メディアに名前を付けて保存] をクリック

[メディアに名前を付けて保存] ダイアログボックスが表示された

ここではデスクトップに保存する

3 保存場所を選択

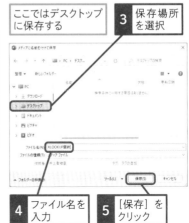

4 ファイル名を入力

5 [保存] をクリック

スキルアップ

YouTube動画を挿入するには

スライドショー実行中にYouTubeの動画を提示するには、以下の手順でスライドにYouTube動画を挿入します。そうすると、スライドショーを中断してYouTube画面に切り替えなくても、PowerPoint内でスムーズに動画を再生できます。

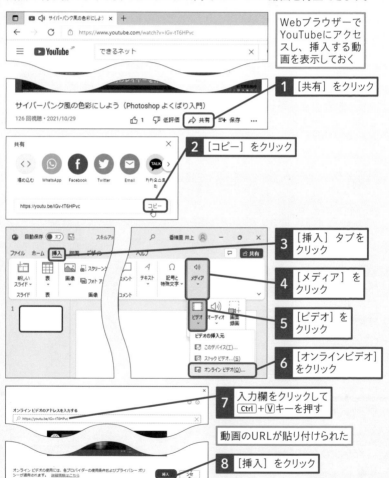

Webブラウザーで
YouTubeにアクセス
し、挿入する動画
を表示しておく

1 [共有] をクリック

2 [コピー] をクリック

3 [挿入] タブを
クリック

4 [メディア] を
クリック

5 [ビデオ] を
クリック

6 [オンラインビデオ]
をクリック

7 入力欄をクリックして
Ctrl + V キーを押す

動画のURLが貼り付けられた

8 [挿入] をクリック

付録 ショートカットキー一覧

さまざまな操作を特定の組み合わせで実行できるキーのことをショートカットキーと言います。スライドの編集作業を効率化するショートカットキーを集めました。

● 全般の操作

操作	キー
切り取り	Ctrl + X
検索の実行	Ctrl + F
コピー	Ctrl + C
新規スライドの挿入	Ctrl + M
すべて選択	Ctrl + A
置換の実行	Ctrl + H
直前の操作を繰り返す	Ctrl + Y
直前の操作を元に戻す	Ctrl + Z
複数ウィンドウの切り替え	Ctrl + F6

● 図形の操作

操作	キー
グループ化	Ctrl + G
グループ化の解除	Ctrl + Shift + G
縦方向に拡大	Shift + ↑
縦方向に縮小	Shift + ↓
等間隔で繰り返しコピー	Ctrl + D
左に回転	Alt + ←
右に回転	Alt + →
横方向に拡大	Shift + →
横方向に縮小	Shift + ←

● 文字の編集

操作	キー
1つ上のレベルへ移動	Alt + Shift + ↑
1つ下のレベルへ移動	Alt + Shift + ↓
大文字と小文字の切り替え	Shift + F3
箇条書きのレベルを上げる	Tab / Alt + Shift + ←
箇条書きのレベルを下げる	Shift + Tab / Alt + Shift + →
行頭文字を付けずに改行	Shift + Enter
書式のみコピー	Ctrl + Shift + C
書式のみ貼り付け	Ctrl + Shift + V
右揃え	Ctrl + R
中央揃え	Ctrl + E
左揃え	Ctrl + L
両端揃え	Ctrl + J
フォントサイズの拡大	Ctrl + Shift + > / Ctrl +]
フォントサイズの縮小	Ctrl + Shift + < / Ctrl + [
フォント書式の解除	Ctrl + space
太字に設定／解除	Ctrl + B

付録

索引

索引

できるサポートのご案内

無料サービス!

本書の記載内容について、無料で質問を受け付けております。受付方法は、電話、FAX、ホームページ、封書の4つです。なお、A. ～ D.はサポートの範囲外となります。あらかじめご了承ください。

受付時に確認させていただく内容

①**書籍名・ページ**
『**できるポケット PowerPoint 2021**
基本＆活用マスターブック
Office 2021＆Microsoft 365両対応』
②**書籍サポート番号→501517**
※本書の裏表紙（カバー）に記載されています。
③**お客さまのお名前**

④**お客さまの電話番号**
⑤**質問内容**
⑥**ご利用のパソコンメーカー、**
　機種名、使用OS
⑦**ご住所**
⑧**FAX番号**
⑨**メールアドレス**

サポート範囲外のケース

A. 書籍の内容以外のご質問（書籍に記載されていない手順や操作については回答できない場合があります）
B. 対象外書籍のご質問（裏表紙に書籍サポート番号がないできるシリーズ書籍は、サポートの範囲外です）
C. ハードウェアやソフトウェアの不具合に関するご質問（お客さまがお使いのパソコンやソフトウェア自体の不具合に関しては、適切な回答ができない場合があります）
D. インターネットやメール接続に関するご質問（パソコンをインターネットに接続するための機器設定やメールの設定に関しては、ご利用のプロバイダーや接続事業者にお問い合わせください）

問い合わせ方法

電話（受付時間：月曜日～金曜日 ※土日祝休み 午前10時～午後6時まで）

0570-000-078

電話では、上記①～⑤の情報をお伺いします。なお、通話料はお客さま負担となります。対応品質向上のため、通話を録音させていただくことをご了承ください。一部の携帯電話やIP電話からはご利用いただけません。

FAX（受付時間：24時間）

0570-000-079

A4サイズの用紙に上記①～⑧までの情報を記入して送信してください。質問の内容によっては、折り返しオペレーターからご連絡をする場合もあります。

インターネットサポート（受付時間：24時間）

https://book.impress.co.jp/support/dekiru/

上記のURLにアクセスし、専用のフォームに質問事項をご記入ください。

封書

〒101-0051
東京都千代田区神田神保町一丁目105番地
　株式会社インプレス
　できるサポート質問受付係

封書の場合、上記①～⑦までの情報を記載してください。なお、封書の場合は郵便事情により、回答に数日かかる場合もあります。

■著者
井上香緒里(いのうえ　かおり)

テクニカルライター。SOHOのテクニカルライターチーム「チーム・モーション」を立ち上げ、IT書籍や雑誌の執筆、Webコンテンツの執筆を中心に活動中。2007年から2015年まで「Microsoft MVP アワード(Microsoft Office PowerPoint)」を受賞。近著に『できるPowerPoint 2021 Office 2021&Microsoft 365両対応』『できるゼロからはじめるワード超入門 Office 2021&Microsoft 365対応』(以上、インプレス)などがある。

STAFF

シリーズロゴデザイン	山岡デザイン事務所 <yamaoka@mail.yama.co.jp>
カバー・本文デザイン	伊藤忠インタラクティブ株式会社
カバーイラスト	こつじゆい
本文イメージイラスト	ケン・サイトー
スライド制作協力	ハシモトアキノブ
DTP制作	町田有美・田中麻衣子
編集制作	トップスタジオ
デザイン制作室	今津幸弘 <imazu@impress.co.jp>
	鈴木　薫 <suzu-kao@impress.co.jp>
制作担当デスク	柏倉真理子 <kasiwa-m@impress.co.jp>
編集	高橋優海 <takah-y@impress.co.jp>
編集長	藤原泰之 <fujiwara@impress.co.jp>

■商品に関する問い合わせ先

このたびは弊社商品をご購入いただきありがとうございます。本書の内容などに関するお問い合わせは、下記のURLまたは二次元バーコードにある問い合わせフォームからお送りください。

https://book.impress.co.jp/info/

上記フォームがご利用いただけない場合のメールでの問い合わせ先
info@impress.co.jp

※お問い合わせの際は、書名、ISBN、お名前、お電話番号、メールアドレス に加えて、「該当するページ」と「具体的なご質問内容」「お使いの動作環境」を必ずご明記ください。なお、本書の範囲を超えるご質問にはお答えできないのでご了承ください。

●電話やFAXでのご質問は、190ページの「できるサポートのご案内」をご確認ください。また、封書でのお問い合わせは回答までに日数をいただく場合があります。あらかじめご了承ください。
●インプレスブックスの本書情報ページ https://book.impress.co.jp/books/1122101049 では、本書のサポート情報や正誤表・訂正情報などを提供しています。あわせてご確認ください。
●本書の奥付に記載されている初版発行日から3年が経過した場合、もしくは本書で紹介している製品やサービスについて提供会社によるサポートが終了した場合はご質問にお答えできない場合があります。

■落丁・乱丁本などの問い合わせ先

FAX 03-6837-5023
service@impress.co.jp
※古書店で購入された商品はお取り替えできません。

できるポケット

PowerPoint 2021 基本 & 活用マスターブック
（パワーポイント）（きほんアンドかつよう）

Office 2021 & Microsoft 365両対応
（オフィス）（アンド マイクロソフト）（りょうたいおう）

2022年9月11日　初版発行

著　者　井上香緒里&できるシリーズ編集部
　　　　（いのうえ か お り アンド）（へんしゅうぶ）

発行人　小川 亨

編集人　高橋隆志

発行所　株式会社インプレス
　　　　〒101-0051　東京都千代田区神田神保町一丁目105番地
　　　　ホームページ　https://book.impress.co.jp/

印刷所　図書印刷株式会社
ISBN978-4-295-01517-8 C3055

Printed in Japan